从资源到功能

——园林植物景观的多视角研究

张秦英　著

天津大学出版社
TIANJIN UNIVERSITY PRESS

图书在版编目(CIP)数据

从资源到功能：园林植物景观的多视角研究 / 张秦英著. —天津：天津大学出版社，2019.11（2020.9 重印）
ISBN 978-7-5618-6572-9

Ⅰ.①从… Ⅱ.①张… Ⅲ.①园林植物—景观设计—研究 Ⅳ.①TU986.2

中国版本图书馆CIP数据核字（2019）第275554号

出版发行	天津大学出版社
地　　址	天津市卫津路92号天津大学内（邮编：300072）
电　　话	发行部:022-27403647
网　　址	www.tjupress.com.cn
印　　刷	北京盛通印刷股份有限公司
经　　销	全国各地新华书店
开　　本	185mm×260mm
印　　张	7.25
字　　数	144千
版　　次	2019年11月第1版
印　　次	2020年9月第2次
定　　价	48.00元

前　言

园林植物,常用英文名有 Landscape Plants, Ornamental Plants, Amenity Plants,泛指具有一定观赏价值,适用于室内外装饰、美化环境、改善环境并丰富人们生活的植物。与园林植物相关的专业有风景园林(0834)、园艺学(0902)、林学(0907)。园林植物研究隶属于多个一级学科领域,如工学(08)门类的风景园林(0834)一级学科的园林植物应用学科方向,农学(09)门类的园艺学(0902)一级学科的观赏园艺学学科方向,林学(0907)一级学科下的园林植物与观赏园艺学科方向等。不同学科根据各自的学科特点有所侧重,并互相交叉。概括来说,风景园林学科下的园林植物应用注重植物的景观应用方式和方法、景观效果与功能的发挥,园艺学和林学侧重植物的种质资源选择与创新、繁殖、养护管理、生产应用等。上述这些研究形成以园林植物(观赏植物)为核心的全方位研究范畴。

作为景观的重要因素之一,植物与其他要素相配合形成整体的景观效果,同时,植物景观本身就具有完整独立的可观赏性。植物具有特殊的园林艺术美,能表现诗情画意。植物景观可以表现出特殊的时空变化形式:植物种类繁多,不同种类的植物其外形不同,呈现出丰富多样的色彩、形体及质地差异;植物在不同的生长时期具有差异极大的时序变化,呈现不同的外观形貌,光景常新,如植物在叶色变化上有春色叶、秋色叶的季相变化。在不同的立地条件下植物有形体的变化,与风、雨、雪、雾等自然因素结合成奇特景象,呈现出生动性。

评价园林植物的功能常从生态功能、观赏性及经济价值三个方面进行。不同时代人们对园林植物功能需求的侧重点不同。陈俊愉先生在 1999 年给弟子通信录上写的寄语是:“少一点锦上添花,多一点雪中送炭。”其中蕴含了先生对弟子的期望,也体现出先生对园林植物应用的期望,植物在生态保护、人居环境营造、绿色基础设施建设中的作用应该更加受到重视。20 年后的现在,生态环境的恶化,尤其是城市生态系统脆弱的现象日益突出。我们在总结城市生态环境的特点时,其最突出的特征是环境条件问题,如大气污染、城市热岛效应、水污染、水资源短缺、土壤贫瘠、土壤污染、光环境和声环境恶化等。面对城市建成环境的种种问题，各个行业都在寻找解决的方法和突破点。代表着生态与绿色的植物也担负着解决环境问题的重担。

城市绿地承载着多种功能，植物本身也具有多种生态功能，如固碳释氧、净化空气、防风固土、涵养水源、降低噪声、营造舒适的小环境等。如何在问题突出的城市环境中更好地发挥植物的生态与景观功能，是园林植物应用研究的重点。固碳是植物最基本的功能，针对植物固碳的研究，在宏观尺度上，可利用遥感卫星图测算不同类型绿地的整体固碳效益，在微观尺度上，可研究不同群落模式及不同种类植物的固碳能力，来评价绿地的固碳效益，营造固碳能力强的绿地。植物对大气污染的净化可以分为直接和间接两种途径。直接途径包括植物通过表面滞尘和吸附作用吸收有毒气体、分泌杀菌剂等达到净化空气的效果。间接途径为种植植物影响空气的流通，如植物可改变小气候环境，影响温度，形成空气对流。不同的植物种植方式可以达到促进或抑制空气流动的效果，对调节空气质量能产生较大的效果。论文 *Improving local air quality in cities: To tree or not to tree?*（*Environmental Pollution*，2014(183)：113-122）从研究方法和研究结论上都突破了人们对绿地(植物)功能研究的传统理解。从直接的测定到计算机软件模拟，加上多学科研究方法的引入，都拓展了绿地功能研究的视角和结论。研究成果的不断深化，将逐步加深我们对绿地的了解，更有利于我们科学地开展规划设计工作。

本书通过多视角的研究，梳理园林植物研究的方法，总结、思考，探索方向。本书涉及内容较多，所以每一部分的介绍会在系统性和完整性上有所欠缺，有些内容是已经完成的研究的结论，有些内容是对该领域研究的思考和理解。写作的过程，是自我的对话过程、与读者的对话过程。对话的目的是让自己更好地明确方向，让学习风景园林的同学通过我的研究历程，较为系统地了解园林植物的范畴和领域，让从事园林植物研究的同行在探索的道路上，感受到同伴的存在。如果读者能从中找到一点共鸣，产生一些灵感，本书能起到抛砖引玉的作用，将是本书最大的成功。

从对园林植物的掌握和理解，到相关研究的思路、见解和成果，本人均存在很多的不足，敬请读者批评指正，使得我们未来的研究能有更大的收获。

张秦英

2019 年 10 月

目　　录

第 1 章　植物种质资源创新与应用：以梅花抗寒育种及北移为例

"一树独先天下春"的梅花是中华大地上的奇葩，是众多民族的骄傲（陈俊愉，1987）。梅花（*Prunus mume*），蔷薇科李属，既是传统的名花，又是用途广泛的果树，其花木俱美，色、香、姿、韵俱全。"梅天下尤物"，花稍小而疏瘦明洁；色冷艳而"天赐胭脂一抹腮"；香淡雅而"暗吐幽香穿别院"；姿怪奇，大树铁干虬枝，绿苔封身，却老当益壮，争荣竞秀。另外，梅花"树树立风雪""不怕雪埋藏"的特性，代表着中华民族传统的坚韧不拔和坚贞勇敢的精神。笔者有幸于 2001—2004 年期间，在陈俊愉院士的指导下攻读博士学位，开展梅花抗寒资源的应用研究，毕业之后，依然继续关注梅花研究与应用的进程。以提升梅花的观赏价值、扩大可适生的种植区域为目标的展示梅花种质资源创新与应用的各项研究综合反映了我国园林植物研究的特色。

1.1　我国梅花种质资源研究

1.1.1　梅花资源与品种演化

根据调查，我国目前野梅资源主要有以下类型：毛梅（*Prunus mume* var. *goethartiana*）、曲梗梅（*Prunus mume* var. *cernua*）、小梅（*Prunus mume* var. *microcarpa*）、杏梅（*Prunus mume* var.*bungo*）、香梅（*Prunus mume* f. *laciniata*）、品字梅（*Prunus mume* var. *pleiocarpa*）等，以上野梅多为半野生状态，多长于村旁、路边、溪边、山坡等，从生境来看，它们多保持了原生的状态（陈俊愉，2001）。

梅花作为我国传统名花之首，在我国有 7 000 年以上的梅子应用和 3 000 多年的栽培历史，同时也是最具人类长期、系统研究的种类之一。现代梅花品种的演变经历了野梅、果梅及花梅 3 个阶段。据考证，人们把野梅用于人工栽培食用至今已有 3 000 多年的历史。《尚书》《诗经》《礼记》中的记载均能反映梅与当时人们生活的关系，如《书·说命》

中的“若作和羹，尔惟盐梅”。《诗经·召南·摽有梅》中写了“摽有梅，其实七兮”，描述姑娘掷梅子给小伙子以表爱情的民歌。同时，“摽有梅”也反映了当时梅树种植已相当普遍（陈俊愉，1990）。

以观赏为目的的梅花栽培已有2 000多年的历史，据考证，梅品种的演化历程为：汉朝初年人们从果梅中分化出花梅，当时已有直枝梅类中的江梅、宫粉两种类型的梅花；唐代时梅花品种以江梅型、宫粉型品种为主，朱砂梅型品种增多，又新增了绿萼型品种；宋代时有了杏梅系中的杏梅和直枝梅类中的玉蝶型、早梅和黄香梅；元代出现台阁梅，昆明市郊盘龙寺中有“红怀抱子”品种；清代时较多地出现了台阁梅、照水梅；近代以来，垂枝梅、龙游梅和洒金梅等新型品种相继出现。

陈俊愉先生从1943年开始系统科学的梅花研究工作，在《梅花研究六十年》（陈俊愉，2001）中，陈先生将对梅花的研究分成了早期、中期、晚期3个阶段。早期调查研究阶段（1943—1962年），他调查整理了四川、上海、江苏、浙江以及广东等省市的梅花。中期为扩大系统研究阶段（1963—1989年），继“文革”期间的研究低潮之后，他在1979后继续前进，并于1989年出版了《中国梅花品种图志》。晚期为深入、提高阶段（1990年以后），他将野生梅种质资源基本查清，并有新发现，又经多次修正后，将全国323个梅花品种纳入中国梅花品种分类最新修正体系中。他还在育种、古梅研究、分子水平研究、区域试验、梅文化及国际品种登录等方面有所发现和创造。在1996年，他主编了综合性专著《中国梅花》，后又编辑出版了《梅品种国际登录年报》（1999版和2000版）两本图书（均为中英对照）。

1943年至今70余年来，学者针对梅花的研究从多个方面展开，包括种质资源调查、新品种选育、梅发育分子机制研究、梅文化研究、梅花的应用等，形成了我国针对一种园林植物系统研究的特色，相应成果处于国际领先水平。1998年8月，中国花卉协会梅花蜡梅分会被定为国际梅品种登录权威，时任会长陈俊愉先生被任命为首位登录专家。梅花成为我国首个承担园艺植物品种登录的种类。基于陈先生及其研究团队在梅花研究中取得的系统成果，中国梅花研究中心和梅品种国际登录中心在中国设立，这使得中国成为梅花与果梅的世界研究中心。

继梅花成为我国第一个获得栽培植物国际登录权的植物后，木犀属植物品种国际登录中心于2004年11月28日在南京林业大学成立，在2013年7月第六届国际栽培植物分类学研讨会上，国际园艺学会命名与栽培品种登录委员会决定任命中国林业科学研究院国际竹类栽培品种登录中心为竹类国际栽培品种登录权威、华中农业大学园艺林学学院为蜡梅属国际栽培品种登录权威、华南植物园为姜花属的国际栽培品种登录权威，任命史军义（竹类）、陈龙清（蜡梅属）、夏念和（姜花属）为首批登录专家。中国梅花蜡梅协会张启翔教授和包满珠教授继任梅国际栽培品种登录权威的登录专家，上海辰山植物园田代科继任莲属国际栽培品种登录权威（美国国际睡莲与水景园艺学会）的登录专家。2014 年 2 月，北京植物园被国际园艺学会命名与栽培品种登录委员会任命为观赏海棠的国际栽培品种登录权威，北京植物园教授级高工郭翎为观赏海棠栽培品种的登录专家。我国在国际园艺学会的平台上作出越来越多的贡献，我国园林植物的研究与应用的国际影响力也逐渐扩大了。

截至 2017 年，梅花品种登录中心共登录梅花品种 486 个（陈瑞丹，2017），登录工作分为 1998—2012 年和 2013 —2017 年两个阶段。从 1998 年开始到目前为止，登录组共计完成了来自 11 个不同申请地区的 486 个梅花品种的登录工作，其中在 1998—2012（以陈俊愉开创的登录时期）完成了 393 个品种的登录工作，2013—2017 年（包满珠、张启翔继续登录时期）完成了 93 个品种的登录工作。目前登录工作仍在有序地开展。

1.1.2　梅花品种分类

种是植物分类系统中的最小单位，而品种是经人工选育而形成的种性基本一致、遗传性比较稳定、具有人类需要的某些观赏性状或经济性状，作特殊生产资料用的栽培群体。品种是人类干预的产物，是人类长期选择、培育的劳动成果。国际栽培植物命名法规中关于品种的定义是：品种是为专门目的而选择的、具有一致而稳定的明显区别特征的、而且采取适当的方式繁殖后这些特征仍能保持下来的一种栽培植物分类单位。

在园艺生产及景观应用中，为了更好地展现植物特性，需要合理地选用品种。科学的品种分类系统是人们认识和应用品种的根本。传统的品种分类方法一般是将植物学性状和园艺性状结合起来，根据应用目的而各有侧重。这种分类方法虽然实用性强，但没有鲜明地展示出品种的综合性状，缺少研究应用的前瞻性。“观赏植物二元分类法”以品种演化为主（陈俊愉，1998），以实际应用为主要依据，将梅的起源和演化问题研究一直贯穿在品种分类的研究中。陈俊愉等对梅花品种分类进行了多次修正后，确立了梅花品种 3 系 5 类 18 型的分类体系。3 系分别是真梅系、杏梅系和樱李梅系，其中真梅系下的品种均为梅（*P. Mume*）的种系，而杏梅系下的品种为梅与杏杂交的后代，樱李梅系下的品种为梅与紫叶李杂交的后代。这种分类方法可以让人很清晰地分辨出品种的亲系来源，同时对品种的形态特征和生态习性也有明显的体现。除梅花、牡丹、芍药外，这种分类方法现已在菊花、荷花、山茶、桃花、丁香、蜀葵、紫薇、榆叶梅、凤仙花等传统名花中广泛应用，成为具有中国特色且独树一帜的中华学派。梅花品种二元分类体系见表 1–1。

表 1–1　梅花品种二元分类体系

<table>
<tr><th colspan="3">真梅系</th><th>杏梅系</th><th>樱李梅系</th><th rowspan="2">其他</th></tr>
<tr><th>直枝梅类</th><th>垂枝梅类</th><th>龙游梅类</th><th>杏梅类</th><th>樱李梅类</th></tr>
<tr><td>江梅型</td><td>江梅垂枝型</td><td rowspan="7">玉蝶龙游型</td><td rowspan="4">春后型</td><td rowspan="7">美人梅型</td><td rowspan="7">‘山桃白’梅</td></tr>
<tr><td>绿萼型</td><td>白碧垂枝型</td></tr>
<tr><td>玉蝶型</td><td>残雪垂枝型</td></tr>
<tr><td>宫粉型</td><td>双粉垂枝型</td></tr>
<tr><td>洒金型</td><td>骨红垂枝型</td><td rowspan="3">单瓣杏梅型</td></tr>
<tr><td>朱砂型</td><td>五宝垂枝型</td></tr>
<tr><td>黄香型</td><td></td></tr>
</table>

陈俊愉先生在编著《中国梅花品种图志》（中英双语增订版）时，为与国际接轨，根据《国际栽培植物命名法规》（第 7 版）的规定，对梅花品种分类体系进行了修订，在梅种之下将品种分为 3 个品种群，即：①真梅品种群 True Mume Group；②杏梅品种群 Apricot Mei Group；③樱李梅品种群 Blireiana Group。品种群以下，则不再分类、型等级别，将二元分类法的内涵融入品种名称之中（陈俊愉，2009）。中国梅花品种群分类新方案见表 1–2。

表 1–2　中国梅花品种群分类新方案

<table>
<tr><th>品种群</th><th>典型特征</th><th>类型特征</th></tr>
<tr><td>单瓣品种群</td><td>花单瓣，呈红、粉、白等单色</td><td rowspan="9">具典型的梅枝、梅叶，小枝绿色或具明显之绿的底色，开典型梅花，散发典型梅香；果熟时呈黄色，有异香</td></tr>
<tr><td>宫粉品种群</td><td>花复瓣至重瓣，花萼多绛紫，花瓣呈或深或浅之粉红色</td></tr>
<tr><td>玉蝶品种群</td><td>花复瓣至重瓣，花萼多绛紫，花瓣呈白色</td></tr>
<tr><td>绿萼品种群</td><td>花单瓣至重瓣，花萼绿色，花白色</td></tr>
<tr><td>黄香品种群</td><td>萼绛紫或纯绿色，花淡黄色</td></tr>
<tr><td>跳枝品种群</td><td>一树开具斑点、条纹之二色花</td></tr>
<tr><td>朱砂品种群</td><td>枝内新生木质部淡暗紫色；花紫红，单瓣至重瓣，花萼绛紫色</td></tr>
<tr><td>垂枝品种群</td><td>枝自然下垂或斜垂</td></tr>
<tr><td>龙游品种群</td><td>枝天然扭曲</td></tr>
</table>

续表

品种群	典型特征	类型特征
美人品种群	枝、叶似紫叶李，叶常年紫红；果成熟时呈紫红色	枝、叶、花、果均似梅，但花不香或微异香，果熟时呈黄色或紫红，多具花被丝托
杏梅品种群	枝、叶似梅；果成熟时呈黄色	

1.1.3　抗寒梅花品种的选育

“凌寒独自开”（宋，王安石），梅花不畏严寒、坚贞勇敢的精神被世人传颂，这是因梅花对此的对应习性是可以在低温环境下开花、授粉、结果。梅自然分布于长江流域沿线，属于喜温暖气候条件的小乔木。因世人对梅花的喜爱，自明、清起，就有人做南梅北移的尝试。如明之《辍耕录》、清之《燕梅花候记》，都有引种南方梅株至京的记录。1917—1918 年期间，北京中央公园（今中山公园）将大梅“数株移于地上，冬日筑花房以避寒雪”。1949 年后，北京市园林局等有关单位又做过多次南梅北移试验，但均因仅有引种而无驯化，移来植株仅收几年暂时效果，始终未获稳定的长期实效。

陈俊愉先生总结梅花北移的古今失败教训，突破直接移植这一单一的途径。根据米丘林 1904 年育成“北方杏”而将杏的栽培界限向北推移 700 多千米的成功经验，陈先生决定从培育抗寒品种入手，于 1957 年与合作者开始进行科学系统的抗寒育种工作，取得了显著的效果（陈俊愉等，1963）。梅花新品种主要是通过常规育种的途径获得，近年来，生物技术手段在梅花抗寒育种中亦开始发挥重要的作用。

1.1.3.1　常规育种途径

针对所有育种途径，程金水对我国已有的 323 个梅花品种进行统计，除了在先期种质资源整理过程中得到大量优良品种外（77%），实生选种是主要的育种途径（占 58%），再次是外国引种（21%）、选种（7%）、杂交育种（5%）、远缘杂交（5%）等（程金水，2000）。现有的梅花抗寒品种也主要是通过常规手段选育的。

（1）引种。引种是指从外地或国外引入当地没有的资源，包括新作物、新品种或品系以及研究用的遗传材料。梅花引种的重要内容是将梅花品种从原产地引入我国北部地区。自 20 世纪 80 年代起，陈俊愉等不断在北京多次普查筛选外地移植引种梅花能在本地长期越冬存活的品种，得到‘江梅’‘密花江’‘江南’‘中山杏’‘复瓣跳枝’‘小宫粉’‘小绿萼’‘银红’‘朱砂晚照水’等抗寒梅花品种。另外他通过移植引种抗寒种间杂交种，在北方引入不少抗寒力强而开花品质好的品种，如‘丰后’‘淡丰后’、‘送春’、‘小美人’梅、‘美人’梅等。经过几年的栽培，他又从‘美人’梅中选择出‘俏美人’梅和‘黑美人’梅。为了尽快在北方建立梅园，北京植物园于1998年从日本引进39个梅花品种，经过5年的栽培管理，于2002年基本实现全部开花。

（2）天然授粉及实生选种。1955年，陈俊愉、郭大会在武汉华中农学院用天然授粉种子播种，后分批从实生苗中选出‘华农玉蝶’‘华农朱砂’‘华农宫粉’‘华农晚粉’‘玉台照水’等，其中将‘玉台照水’引种至京，初步观测可作为梅花抗寒优质新品种。1957—1958年，陈俊愉及协作者将梅天然授粉种子由南京、沅江等地引入北京，在几千株天然授粉苗中选育出‘北京小’梅和‘北京玉蝶’2个抗寒新品种。1964年起它们次第开花。

（3）杂交育种。这部分工作包括品种间杂交及远缘杂交育种。1962—1966年，黄国振用人工授粉苗及天然授粉苗进行选种，3年生实生苗不加保护便可以安全越冬，但由于历史的原因，这批苗被毁（黄国振，1980）；1982—1985年，张启翔选育出‘燕杏’‘花蝴蝶’及‘山桃白’梅等抗寒性强的新品种（张启翔，1988）；1991—1994年，胡永红针对抗寒性强的杏梅种系品种缺少梅香的问题，开展真梅与杏梅杂交的研究（胡永红，1994）；1993—1996年，刘青林为培育灌丛形梅花新品种，用毛樱桃与梅花品种杂交，获得12株杂种（试管）苗，并在梅花多倍体诱导方面做了尝试（刘青林，1996）。1997—2002年，陈瑞丹以获得具有花香的抗寒品种为主要目的，进行杏梅系与真梅系的杂交，并且利用母本结实性好的特点，使梅与李属中的多种不同种进行远缘杂交，从花期、重瓣性、灌丛性等方面对现有品种进行遗传改良（陈瑞丹，2003）。2001—2002年，吕英民为培养抗寒垂枝型梅花品种，进行了杏梅系与真梅系垂枝型品种的杂交选育工作，并对垂枝的遗传性状进行了初步分析（吕英民，2003）。

1.1.3.2 生物技术育种

随着植物分子育种的兴起，其与常规育种配合可以加速新品种的育成。梅花的生物工程育种也在不断开展，主要是通过杂种胚挽救来促进梅花远缘杂交的进程，通过分子标记进行杂种的早期鉴定。

关于梅离体培养快繁体系的建立研究取得了很大的进展。傅萼辉等（1991，1995）取萌动时的‘宫粉’梅、‘美人’梅腋芽作外植体，在自制的WB培养基上培养成功，获大量再生植株。日本静冈大学农学部原田久和村井太广对‘南高’‘八重寒红’‘白牡丹’等品种进行了梅的离体培养的研究，表明 WPM 培养基优于 MS 培养基，植物激素 BA（苄氨基腺嘌呤）效果优于 ZT（玉米素）等，但对碳源的要求则因品种而异，山梨醇利于‘南高’生长，葡萄糖利于后两者生长。

杂交育种的一个主要障碍是胚败育。胚培养是提高杂交育种效率的有效手段之一，柴明良（1988）培养花后 53、61、74、83 天的‘大青叶’梅和‘白毛’梅的胚，在 1/10 MS 或 1/2 MS 培养基上获得了大量再生植株。张启翔（1992）培养授粉 66 天的杂种胚得到试管苗。胡永红（1994）培养花后 48 天和 60 天的杂种胚在中胚轴以下形成愈伤组织，但没有诱导出不定梢和丛生芽。刘青林（1996）培养毛樱桃与几个真梅系品种杂交的未成熟杂种胚获得成功，并认为杂种胚成活与采种时间及种子成熟度有关，30 天 0~5 ℃的低温处理可促进某些品种的胚形成正常苗，但 GA 等植物激素能代替低温打破休眠。陈瑞丹（2003）通过杂种成熟胚培养，找到了杂种增长的最适培养基，对花后 58 天的未成熟胚培养，通过子叶诱导芽原基获得再生植株，花后 70 天的胚可以诱导出胚状体。在再生体系建立的研究中，刘青林（1999）以腋芽和胚为外植体，进行梅花愈伤组织的长期培养及其细胞学观测，愈伤组织经过 14 代培养仍能正常生长。细胞学观测表明细胞形状的不规则和木质化的产生是愈伤组织未再生植株的主要原因。

在梅花分子标记的研究中，刘青林（1999）利用人工合成的 3 对随机引物，对 17 个类型的 28 个梅花品种、8 个梅花杂交种和 8 个近缘种的叶片 DNA（脱氧核糖核酸）进行了随机扩增多态性 DNA 的研究，结果表明梅与杏的亲缘关系最近，与李较近，与山桃、毛樱桃较远；‘樱桃梅’与父本、母本均有差异。明军（2003）建立了梅花基因组 AFLP 银染反应体系，该体系在杂种苗进行早期鉴定（陈瑞丹，2003）、野生种质鉴定（Li Qingwei, et al., 2012）等中成功应用。梅花基因组测序已成为木本植物遗传研究的理想模式系统，张启翔等（2018）带领研究团队完成了首个梅花全基因组重测序研究，构建完成了世界首张梅花全基因组变异图谱，确定了显著的数量性状位点和基因组区域，揭示了驯化开花植物，特别是木本植物的遗传基础，将为分子标记辅助育种的研究提供重要的理论框架，对梅花重要观赏性状的遗传解析具有里程碑的作用。这为研究木本植物的遗传过程、群体内和群体间的遗传多样性模式提供了一套独特的材料。

1.1.3.3　梅花再生体系建立试验研究

通过茎段培养建立植物无性快繁体系已经成为科研及生产育苗的重要手段。随着现代基因工程的迅速发展，许多优良性状的基因已被克隆出，并在育种工作中取得了显著的效果，为梅花的分子育种提供了有利的前体，所以利用基因工程进行梅花育种将有很大的优势和前景，其同常规育种结合，可以加速育种的进程。为促进梅花抗寒品种的繁育，笔者在博士阶段，进行了 15 个品种的茎段组织培养快速繁殖体系的建立，并对 15 个品种进行叶片再生体系的建立，通过制作组织学切片，分析了叶片细胞再生植株的途径。下面通过‘美人’梅叶片再生体系建立的试验①介绍部分成果。

1. 材料与方法

供试品种为‘美人’梅，叶片来自离体培养的无菌苗。将经过复壮培养的试管苗叶片从叶柄基部剪下，再用解剖刀沿叶脉横向切 4~5 刀，保证叶缘处连接，使叶片仍为一个整体。叶片背面朝下接种到下述固体培养基上：以 WPM 为基本培养基，附加 L- 谷氨酰胺 100 mg/L、水解乳蛋白 1 000 mg/L 及不同种类的激素配比，所用的激素配比组合分为 3 类，分别为 BA 1~5 mg/L + 低浓度 NAA、NAA 0.4~2 mg/L + 低浓度 BA 以及不同浓度 2，4-D+NAA+BA 组合对叶片诱导的影响（详见表 1-3）。

所有培养的叶片均放置在 23±2 ℃下暗培养。30 天后调查其生长情况，每个配比有 7 个培养皿，3 次重复测定，数据采用 SPSS 软件进行 LSD 检验。

外植体培养 15 天、30 天后取具有典型特征的愈伤组织块，卡诺固定 16 小时（长期保存在 70% 的乙醇中），用石蜡包埋，切片厚度为 10 μm，苏木精染色，显微观察并照相。

表 1-3　‘美人’梅叶片培养所用的激素组合

类别	编号	BA /(mg/L)	NAA /(mg/L)	2,4-D /(mg/L)
I	1	1	0.1	
	2	2	0.1	
	3	3	0.1	
	4	4	0.1	
	5	5	0.1	
II	1	0.2	0.4	
	2	0.2	0.8	
	3	0.2	1.2	
	4	0.2	1.6	
	5	0.2	2	

① 成果发表于《北京林业大学学报》，2004，26（S1），42-46。

续表

类别	编号	BA /(mg/L)	NAA /(mg/L)	2,4-D /(mg/L)
Ⅲ	1	0.2	0.1	0.5
	2	0.2	0.1	1
	3	0.5	0.1	1
	4	1	0.1	1
	5	2	0.1	1

2. 结果与分析

叶片在不同的培养基上培养 10 天时，Ⅰ类培养基上的叶片没有变化，部分Ⅱ类培养基上的叶柄处有不定根的突起，部分Ⅲ类培养基中有近球形的愈伤组织出现。培养 30 天时 3 类培养基中叶片的生长状态出现了明显的区别，配合组织切片学观察，说明了不同激素对叶片的诱导作用有着极显著的差异。

3. 不同浓度 BA 与 NAA 组合对叶片诱导的影响

Ⅰ类培养基中的叶片分别在叶柄和叶脉切口处形成愈伤组织（图 1–1 中图版Ⅰ–1）。从表 1–4 可以看出，从Ⅰ–1 到Ⅰ–5 愈伤组织的诱导率和大小都呈降低的趋势，说明 BA 浓度增加抑制了愈伤组织的形成。从其发生部位看，叶柄处的诱导率高于叶脉切口，说明叶柄比叶脉处细胞有较强的脱分化能力。从形态看，此类培养基中的愈伤组织，最大直径仅在 4 mm 左右，呈褐色至白色，坚硬致密，生长势弱。观察组织切片，在愈伤组织表层的细胞染色深，细胞核浓，但没有细胞再分化的类型出现（图 1–1 中图版Ⅰ–2）。

用同种培养基继代培养后，愈伤出现萎缩，没有再分化。

表 1–4　不同浓度 BA 对‘美人’梅叶片诱导培养的影响

类别	编号	愈伤诱导率 /%		愈伤大小 /mm
		叶柄	叶脉	
Ⅰ	1	100A*	98A	3.6A
	2	100A	85B	2.8B
	3	100A	32C	2.1C
	4	92B	0D	1.1D
	5	50C	0D	1.2D

* 大写字母不同表示具有极显著性差异（$P<0.01$），下同。

4. 不同浓度的 NAA 与 BA 组合对叶片诱导的影响

在Ⅱ类的几种培养基中，叶柄或叶脉切口处都有少量愈伤组织及不定根的出现。随着 NAA 含量的增加，生根部位由仅叶柄到叶柄及叶脉都有，不定根诱导率增加，根数增多，根长增大，同时愈伤组织的量也相应增加，且 NAA 为 2 mg/L 时的愈伤组织比 NAA 为 1.6 mg/L 时显著增多（见图 1–1 中图版Ⅱ–1、Ⅱ–2、Ⅱ–3）。从表 1–5 可以看出，NAA 浓度为 1.6 mg/L 和 2 mg/L 时，不定根的诱导率及根数没有显著差异，但根长随着 NAA 浓度增大反而变短，这可能是因为随着 NAA 浓度增大切口边缘的愈伤增多，从而抑制了根的伸长。

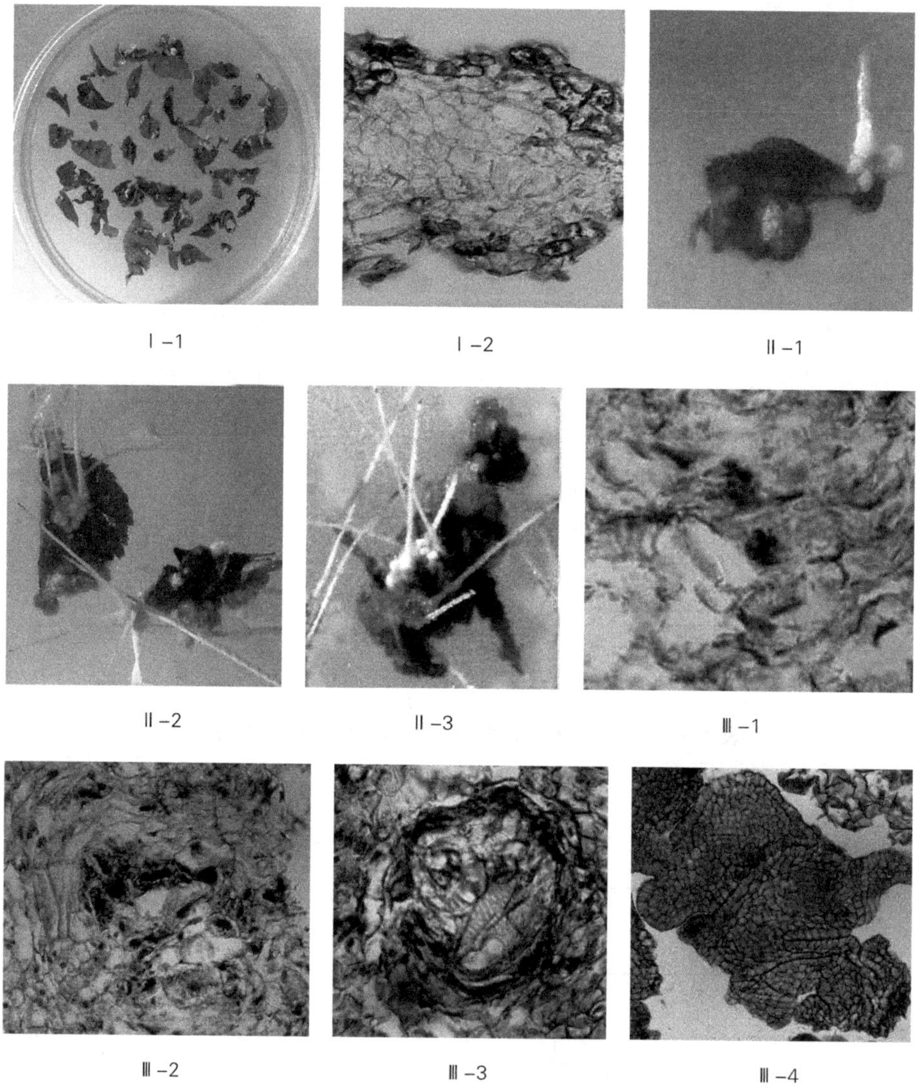

图 1–1 ‘美人’梅叶片再生培养体系建立图示

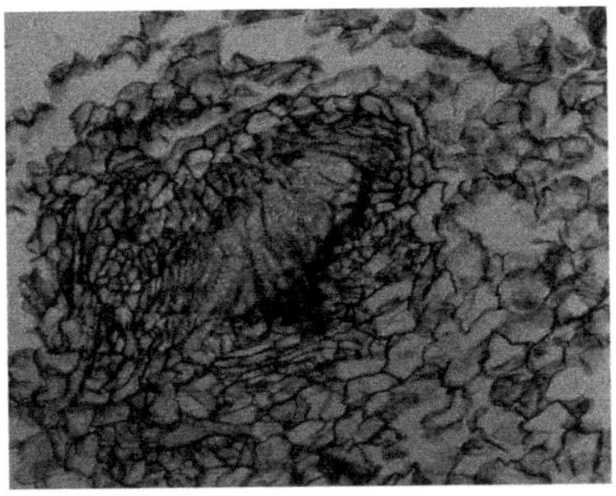

Ⅲ–5

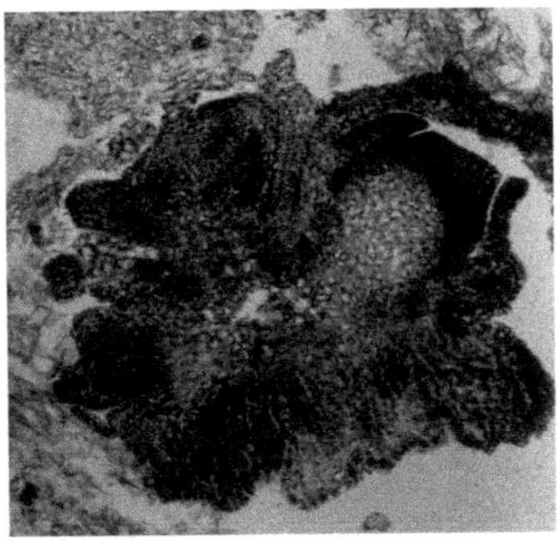

Ⅲ–6

图 1–1　‘美人’梅叶片再生培养体系建立图示（续）

图版说明：Ⅰ–1：叶柄及叶脉切口的愈伤组织；Ⅰ–2：愈伤组织外层细胞核明显；Ⅱ–1：叶柄处形成单条根；Ⅱ–2：叶柄及叶脉处形成多条根；Ⅱ–2：叶柄及叶脉处形成多条根；Ⅱ–3：叶柄及叶脉处的愈伤组织及根；Ⅲ — 1 二细胞原胚；Ⅲ — 2 多细胞原胚；Ⅲ — 3 球形胚；Ⅲ — 4 鱼雷型胚；Ⅲ — 5 心形胚；Ⅲ — 6 子叶胚

表 1–5　NAA 对叶柄及叶脉诱导培养的影响

培养基代号		生根率 /%	根数 /（条 / 愈伤）	根长 /cm	发根部位
Ⅱ	1	50D	1D	1.9D	叶柄
	2	78.1C	1.3C	2.74C	叶柄
	3	92.6B	2.2B	3.24B	叶柄及部分叶脉切口
	4	100A	2.9A	4.38A	叶柄及叶脉切口
	5	100A	2.8A	3.27B	叶柄及叶脉切口

5. 不同浓度 2,4–D 与 NAA、BA 组合对叶片诱导的影响

在加入 2,4–D 的培养基中，叶片形成的愈伤组织呈球形，浓度不同，愈伤组织生长的速度和状态不同。从表 1–6 可以看出，Ⅲ–2 的愈伤组织诱导率最高，生长速度快，同Ⅲ–1 相比较，BA 相同时，2,4–D 的浓度为 1 时比为 0.5 时的诱导率高、生长速度快。在 2,4–D 浓度相同时，BA 浓度增加降低了诱导率，但愈伤组织的生长速度略有增加。从愈伤组织的特征分析可以看出，Ⅲ–3、Ⅲ–4 两种培养基中的愈伤呈较规则的球形，红绿色，再分化的可能性大，组织切片观察与表现分析结果一致，在这两种培养基的愈伤中有胚状体的发生（见图 1–1 中的图版Ⅲ）。

从切片观察发现，胚性细胞的发生是在愈伤组织的内部，且为单细胞起源的。随着胚性细胞的发育，胚性细胞出现生理隔离，形成相对独立的结构，继续发育形成球形胚、鱼雷形胚、心形胚及子叶胚，而愈伤组织的表面没有发生形状特征的变化。对该类愈伤继代培养，有部分出现裂口，但没有子叶突破外层表皮形成完整的植株。

表 1-6 不同浓度 2,4-D、BA 与 NAA 组合对‘美人’梅叶片诱导的影响

培养基代号		愈伤诱导率 /%	生长速度	愈伤组织特征
Ⅲ	1	58.5B	慢	极小球形
	2	78A	快	球形，略大，粉红色被白粉
	3	49.9C	慢	球形，红绿色
	4	45.2D	中等	规则球形，红绿色，较疏松
	5	31.5E	中等	不规则节瘤状，黄褐色坚硬

6. 讨论

梅叶片对不同种类激素的反应不同。BA 对‘美人’梅叶片的愈伤组织诱导起到抑制作用，单独与 NAA 配合，不能直接获得不定芽再生，这同李属其他种(品种)培养的结果不同，这是由该品种的基因型决定的。与 2,4-D 及 NAA 配合时，BA 在一定程度上抑制愈伤组织的生长速度，但有助于胚性细胞的形成及其进一步发育。

NAA 可使叶片直接生根，较高浓度的 NAA 使叶片同时形成愈伤和不定根，但是继代培养没有再分化成不定芽。有研究报道，在再生体系的培养中，不定根的出现会抑制不定芽进一步的形成，梅叶片的培养可能也属于这种情况。

在没能通过直接分化得到不定苗的情况下，笔者试图通过在培养基中加入 2,4-D 诱导胚状体的途径获得再生体系。从第 Ⅲ 类培养基的结果可以看出，2,4-D 的加入可以诱发叶片形成胚状体。愈伤的诱导率和生长速度随着 2,4-D 浓度的增大而增加，但只有配合适当浓度的 BA 才能形成胚状体，这与水稻的体细胞胚发生研究结果相近。同许多研究报道相同，2,4-D 也是‘美人’梅叶片诱导体细胞胚不可缺少的激素。一般在诱导出体细胞原胚后，需及时降低或去掉 2,4-D，否则胚性细胞不能正常发育，而在本试验中，有 2,4-D 存在的情况下，经过 30 天的培养，即获得了完整的子叶胚，原因可能是‘美人’梅的体细胞胚发生在球形愈伤组织的内部，发育时没有直接受到 2,4-D 的影响，具体机理需进一步研究。

本试验实现了不定根再生和体细胞胚的发生，但是没有得到不定芽及完整的植株，笔者认为研究应进一步侧重于体细胞胚的发育，对体胚发生的同步性及如何使在愈伤组织内部发育的体细胞胚突破外层的包被形成完整的植株进行研究。‘美人’梅叶片对激素的种类及浓度反应差异极其明显，可以将其作为研究激素作用机制的试材。

1.2　梅花抗寒品种应用研究

1.2.1　梅花分布范围分析

经过我国有关专家组的考察研究发现（陈俊愉，1996），野生梅在中国分布范围很广，包括长江流域、珠江流域、西南地区和台湾，西起西藏的通麦、林芝，分南北两条线（北线为通麦向东北延至四川的松潘、广元一带，再向东北延至甘肃、陕西的南部，东延至湖北东部的罗田、安徽的黄山、江苏的宜兴、浙江的昌化，经四明山到达东海海岸；南线为通麦向东延至云南德钦、泸水、临沧，再东延至广西、广东、福建、台湾，由海岸线闭合成一分布圈）。

关于梅最早的应用记载距今有 7 200 年以上（中国社会科学院考古研究所河南一队，1984）。考古发现、古籍记载及气候学证据都证明，距今 3 000 多年前，梅之自然分布范围远较现在为广，如 1975 年在我国河南省安阳出土的殷墟遗址中发现铜鼎中有炭化之梅核，通过 C14 鉴定，认为其至今已有 3 200 多年的历史。早在公元前 10 世纪，《诗经·召南》中就有一首《摽有梅》的诗歌，反映出当时的陕西召南（雍、梁二州）地区已多有梅的踪迹。在《秦风》《陈风》和《曹风》等诗歌集中，也有许多咏梅者，证明当时的秦国、陈国和曹国，即今日之陕西秦岭一带、河南豫州一带、山东兖州一带梅树都已达到比较普及的程度。从这些记载来看，我国古代黄河流域，包括陕西、河南以及山东等地梅树的分布已很普遍。

梅分布范围的变化与近 5 000 年来全国气温变化呈现一致的趋势。中国历史上从仰韶到安阳殷墟，大部分时间的年平均温度比现在高 2 ℃左右，1 月温度比现在高 3~5 ℃。12 世纪是中国历史上最寒冷的时期，温度比现在低 2 ℃左右。温度的变化改变了许多动植物的分布范围（竺可桢，1979）。

通过以上叙述，我们可以推测，梅在我国古代之分布远较现在广阔，在北方地区能较好地生长并结果，后随着气温的下降逐渐南移。其分布的北缘可能在太行山、吕梁山南麓，西至秦岭、渭河一带，再往西南至岷山、横断山脉，最后到达西藏。

树木的适应性不仅与目前分布区的生态条件有关，而且与古代历史生态条件有关。苏联学者 M.B.Кулъсясов（1953）据此提出了引种驯化的历史生态条件的分析方法。历史生态条件的分析，是把植物和生态条件看成一种自然历史现象，有其发生和发展的历史。现代植物的自然分布区域只是在一定地质时期形成的结果，树种现在分布的地区并不能说明该树种只适应该地区的自然条件，而不适应其他地区的条件（胡芳名，1995）。

历史生态学说对梅树引种驯化提供了启示，梅在适当的栽培措施下引种驯化，完全可能在北方越冬而安全落户，达到或超过历史上分布的北界，这已被近年的科学实践所验证。

近年来全球气候普遍偏暖，且气温有持续升高的趋势。全球地面平均气温约比1961—1990年的30年平均值偏高0.58 ℃。到1999年年底，全球气温已经连续21年高于平均值，其中最暖的10年全部出现在1983年以来。在全球气候变暖的大背景下，我国气候也呈变暖的趋势，自1987年以来，我国年平均气温一直持续偏高，特别是从1996年开始，全国增暖幅度进一步加大。1999年冬季（1998年12月—1999年2月）全国大范围变暖，季平均气温除西南地区偏高1~2 ℃外，其余大部分地区偏高2~4 ℃，出现了自1986年12月以来的第13个暖冬，偏暖幅度之大为近50年之最。

目前，导致气候变暖的主要原因是空气中温室气体的增加（Patz，et al.，1996）。气象专家有如下分析。第一，中国气候将继续变暖，到2020至2030年，全国平均气温将上升1.7 ℃；到2050年，全国平均气温将上升2.2 ℃；当大气中二氧化碳浓度加倍时，全国平均气温将上升2.9 ℃。第二，中国气候变暖的幅度由南向北增加。到2030年，中国西北地区气温将上升1.9~2.3 ℃。

气候变化将对种植业产生很大的影响。研究表明，冬小麦的安全种植北界将由目前的长城一线北移到沈阳—张家口—包头—乌鲁木齐一线。据计算，到2050年，气候变暖将使三熟制的北界北移500千米；两熟制地区将北移至目前一熟制地区的中部，一熟制地区的面积将减少23.1%。

梅在中国的分布范围在历史上随着气候的变化发生了南移，根据全球及中国的气候变化趋势，结合不断的抗寒育种工作，梅在北方地区的应用将会有很大的突破。

1.2.2 抗寒梅花品种在“三北”地区的适生地区划

1.2.2.1 气候相似性理论与生物适生地分析

植物耐寒带区划（Hardiness zones of plants）是园林植物引种、品种推广的重要参考，苗木公司会以此为标准，确定不同种类的适种范围。植物耐寒带区划是依据地域最低气温进行区域划分的，图示简单鲜明，对植物引种、育种、栽培养护管理等工作具有非常重要的意义和作用。美国、加拿大、德国、日本、中国等很多国家都依据此标准进行了分区，便于国际种植资源交流。

耐寒性分区以年最低温度值为指标，为植物的引种推广范围提供依据。在实际的区划研究中，也会采用选择几个关键的气候指标，用等值线法将所研究的区域划分为适宜、半适宜、不适宜等几个大区，这种方法较为笼统，其缺点主要表现为：①各地之间气候相似程度无定量的量度和排序；②未能将各气候要素综合起来，确定一个综合各因素的相似指标和量度；③未考虑各气候要素值的年内分配问题；④等值线相似图仅能反映水平变化，不能反映下垫面不同和垂直变化的影响（魏淑秋，1996）。

气候相似理论是人类在生物引种驯化的过程中提出的规律性理论。魏淑秋在气候相似论的发展中，系统总结了气候相似论理论的产生、农业气候相似论理论的发展，在分析前人理论和实践的基础上，提出生物气候相似的概念，并提出作物气候三维滑移相似分析方法，将生物与环境的相互适应关系融入引种适生地的技术中，建立了气候、农业气候、生物气候相似距离库和计算机引种咨询系统。

生物气候相似及其分布气候相似的概念和计算方法以品种最适宜的生长地点代表点为中心，将全国（或世界）范围内不同地点的气候条件同其进行比较，计算出相似距。相似距表示两地气候条件的相似程度，值越小说明两地相似程度越高。根据相似距的大小，确定不同适宜程度的引种区域，比较的最小单位是市、县（乡），克服了引种推广的盲目性，对提高引种成功率有着更具体、更科学的依据。

农业气候相似分析已在引种及适生地分析工作中得到了大量应用，但这项工作涉及大量气象资料的收集及复杂的计算，对于进行植物种（品种）引种及推广应用的研究者来说，不是一件容易的事，所以多数仍是选择一些有代表性的点进行气候相似分析，然后重新划出大片的区域。为了解决这一问题，魏淑秋等结合气象学、数学及计算机等多学科，收集世界约 21 100 个点（中国有 2 000 多个点）的气象资料，运用多种计算方法，建立起庞大的数据库，建立完善了“生物适生地分析系统”。它是针对某一品种的特性，以其代表点为中心，在全国或世界范围内进行相关的相似计算，可以随时地、快速地查询气候、农业气候及生物气候相似地区和时段、可能引种试种的范围、最佳引种时段和引种驯化次序等。

我国地域辽阔，地形变化复杂，即使在同一纬度内，气候、土壤等生态地理条件也存在着明显的区域差异，“三北”地区的情形更是如此。本研究运用“生物适生地分析系统”，以北京（梅花抗寒品种栽培中心）为中心，开展抗寒梅花品种在“三北”地区的适生地分析。结合在“三北”一定地点进行的抗寒梅花品种区域试验结果，确定系统计算结果中相似距的适生度评价，从面的角度解决抗寒品种的适应范围，这将减少推广应用的盲目性，达到多快好省的目的，利于抗寒品种的科学推广和科学规划。

1.2.2.2 抗寒梅花品种在“三北”地区的适生地区划

梅花是多年生木本植物，具体的生长情况要受到周年气候条件的限制。抗寒梅花品种大多是在北京选育成功的，并且在北京经历多年的考验，整体生长良好，为了分析“三北”（具体范围界定为：辽宁、吉林、黑龙江、内蒙古自治区、新疆维吾尔自治区、宁夏回族自治区、青海的全部，北京以北的河北地区，山西、陕西、甘肃各省北纬 35° 以北的地区）不同地区（县）的可能适应性情况，本研究以北京为中心，分析全国范围内不同站点周年的水热相似距，从而确定出抗寒品种在“三北”地区不同等级的适生区域。

以北京为中心，分析全国范围内不同站点周年的水热相似距，同时结合品种的耐低温性能及开花对温度的需求设定条件，现有的抗寒品种多能经受 −19 ℃的绝对低温，而满足梅花开花的特性温度需达到 10 ℃以上，所以将条件设定为 1 月平均温度大于 −15 ℃（比绝对低温高 4 ℃）、5 月平均温度大于 10 ℃。本研究采用 1~12 月的旬平均气温相似距离（m=36）反映年内热量条件的相似程度；采用 1~12 月的平均月降水量相似距离（m=12）反映年内水分条件的相似程度。在以北京为中心进行全国范围内的适生地分析后，将北纬 35° 以北，满足 1 月平均温度大于 −15 ℃、5 月平均温度大于 10 ℃，同时相似距大于 0.6 的点按照等级列出。

根据欧氏距离系数公式 $d_{ij}=\sum(X'_{ik}-X'_{jk})^2$ 进行计算，为了使相似量级小些，采用了修改的欧氏距离，$d_{ij}=(\sum(X'_{ik}-X'_{jk})^2)/m$。$d_{ij}$ 为引种地 i 和引种源地 j 间的欧氏距离，即相似距离系数。相似距离系数越小，说明相似程度越高；反之，则相似程度越低。X'_{ik} 为引种地区的农业气候要素 k 标准化后的数值；X'_{jk} 为引种源地气候要素 k 标准化后的数值；m 为农业气候要素的个数，即样本集的空间维数。

1.2.2.3 适生地分级

根据“适生地分析”的结果，按照相似距的大小，以北京为中心，将设定的区域分为Ⅰ~Ⅴ级，等级差异表示各点与北京周年气候条件的相似程度，级别越高，表示两地气候条件差异越大，反映梅花全年综合表现的优劣；以武汉为中心将设定的区域分为Ⅰ~Ⅴ级，不同等级之间的差异表示各点与武汉 2 月到 5 月之间气候要素的相似程度，反映梅花春夏开花及生长的情况。结合武汉和北京两点的分析结果，将“三北”不同地区（县）分成以下等级，见表 1-7。

表 1-7　“三北”地区抗寒梅花品种适生地分级标准

以武汉为中心的级别 / 相似距	以北京为中心的级别 / 相似距				
	Ⅰ/0~0.2	Ⅱ/0.2~0.3	Ⅲ/0.3~0.4	Ⅳ/0.4~0.5	Ⅴ/0.5~0.6
1/0~0.3	Ⅰ-1*	Ⅱ-1	Ⅲ-1	Ⅳ-1	Ⅴ-1
2/0.3~0.4	Ⅰ-2	Ⅱ-2	Ⅲ-2	Ⅳ-2	Ⅴ-2
3/0.4~0.5	Ⅰ-3	Ⅱ-3	Ⅲ-3	Ⅳ-3	Ⅴ-3
4/0.5~0.6	Ⅰ-4	Ⅱ-4	Ⅲ-4	Ⅳ-4	Ⅴ-4
5/ ≥ 0.6	Ⅰ-5	Ⅱ-5	Ⅲ-5	Ⅳ-5	Ⅴ-5

* 注：Ⅰ-1 表示满足以北京为中心、相似距在 0~0.2 之间的站点和以武汉为中心、相似距在 0~0.3 条件的站点。

各级包括的地点如下（以下数据从“生物适生地分析系统”数据库中等出）。

Ⅰ级

Ⅰ-2　山西省：临汾、翼城

Ⅰ-4　北京

Ⅱ级

Ⅱ-2　辽宁省：绥中、鞍山、海城、营口、庄河、皮口、长海、大连

山西省：吉县、蒲县、洪洞、安泽、沁源、榆社、襄垣、沁县、武乡、长治

陕西省：延安、宜川

Ⅱ-3　辽宁省：建昌、锦西、锦州、凌海(锦县)、台安、盘山、大洼、盖州、熊岳、瓦房店、旅顺

河北省：怀来、承德、承德县、宽城、迁西、青龙

山西省：盂县、太原、交城、祁县、汾阳、介休、石楼、隰县、晋城

陕西省：府谷、绥德、清涧

Ⅲ级

Ⅲ-2　辽宁省：辽阳、沈阳、本溪、丹东、东沟

陕西省：洛川、宜君、黄龙

Ⅲ-3　辽宁省：凌源、叶柏寿、喀左、朝阳、北票、阜新、义县、北镇、黑山、彰武、新民、辽中、发库、铁岭、岫岩

河北省：张家口、宣化、涿鹿、隆化、滦平、平泉、兴隆

山西省：离石、临县、兴县、原平、忻州、阳曲、繁峙、五台山、寿阳、陵川

陕西省：河曲、神木、榆林、横山、子长、吴旗、志丹

甘肃省：兰州

Ⅲ-5 新疆维吾尔自治区： 喀什、英吉沙

Ⅳ级

Ⅳ-1 吉林省：图们

Ⅳ-2 辽宁省：昌图、开原、章党、本溪县、草河口、凤城

吉林省：梨树、四平、集安、珲春

山西省：平鲁

宁夏回族自治区：固原

甘肃省：广河、临洮

新疆维吾尔自治区：新源

Ⅳ-3 辽宁省：康平、桓仁

内蒙古自治区：八里罕、宁城、喀喇沁旗、敖汉旗、宝国图、库伦旗、阿鲁科尔沁左旗、翁牛特旗、扎鲁特旗

山西省：静乐、岚县

宁夏回族自治区：同心、海源、韦州、麻黄山

甘肃：永靖、临夏、靖远

青海省：乐都、尖扎

Ⅳ-4 内蒙古自治区：赤峰、奈曼旗、呼和浩特、土默特左旗、托克托、清水河、准格尔旗、伊金霍洛旗、包头、土默特右旗、乌审旗、乌海、中泉子

山西省：偏关、山阴、朔州、宁武

陕西省：定边

宁夏回族自治区：石炭井、平罗、陶乐、贺兰、银川、永宁、灵武、青铜峡、中卫、中宁、盐池、同心

甘肃省：敦煌、景泰、白银

青海省：民和、循化

新疆维吾尔自治区：霍而果斯、霍城、察布查尔

Ⅳ–5　新疆维吾尔自治区：阿克陶、伽师、乐普湖、麦盖提、莎车、叶城、皮山、巴楚、柯坪、阿瓦提、新和、库车、和田、策勒、于田、民丰、安德河、且末、若羌、铁干里克、库尔勒

Ⅴ级

Ⅴ–2　辽宁省：宽甸

吉林省：合龙、龙井、延吉

内蒙古自治区：林西

甘肃：和政、东乡、康乐

Ⅴ–3　内蒙古自治区：巴林右旗、巴林左旗、高力板、突泉、通辽、兴合、察哈尔右翼前旗、凉城、和林格尔、丰镇

宁夏：西吉、隆德、泾源

甘肃：会宁、定西、渭源

青海省：西宁、同仁

新疆维吾尔自治区：巩留

Ⅴ–4　内蒙古自治区：舍伯吐、开鲁、吉兰太、磴口、乌拉特前旗、伊克乌素、杭锦旗、鄂托克旗、头道湖

甘肃省：安西、酒泉、金塔、鼎新、高台、临泽、张掖、山丹、民勤、武威、永登、皋兰

青海省：贵德

新疆维吾尔自治区：伊宁、巴仑台

Ⅴ–5　新疆维吾尔自治区：库米什、七角井、哈密、淖毛湖

根据“适生地分析系统”的原理，同一级别内各点气候条件相近，其中的植物生长情况相近。在Ⅰ~Ⅳ级内都有区域试验的试点（加阴影），根据抗寒品种在各试点的生长情况，可以推测出在同一级内梅花在其他地点的生长情况，从而达到点面结合，从点的试验结果扩展到面上更多的站点。结合区域试验中不同品种在试点的表现，将品种的适生地分为不同等级的组合，见表 1–8。

表 1–8　抗寒梅花品种及其适生地等级

品种	适宜区	半适宜区	不适宜区
‘燕杏’‘丰后’‘淡丰后’‘送春’‘美人’梅	Ⅰ、Ⅱ、Ⅲ	Ⅳ	Ⅴ

续表

品种	适宜区	半适宜区	不适宜区
‘中山杏’梅、‘密花江’梅	Ⅰ、Ⅱ	Ⅲ	Ⅳ
‘复瓣跳枝’‘三轮玉蝶’‘北京玉蝶’	Ⅰ	Ⅱ	Ⅲ

区域试验的结果证明品种之间的适应性不同，存在一定的差异，但就其生存情况来说差异不显著，根据各品种的生长情况，研究人员将10个品种分成3组，按照各组品种的初步区域试验结果将“适生地分析”的等级分为适宜区、半适宜区和不适宜区。因品种间存在差异，所以在应用时需考虑品种的具体特性。

以上对于不同品种的适生地分区结果是对梅花周年生长情况的综合评价，梅花开花及营养生长时段的具体表现可以参考以武汉为中心点的分级，根据不同等级创造较好的小气候条件，保证花期及开花的质量。

在保证良好的栽培管理的条件下，各品种在适宜区可以正常生长越冬，在半适宜区越冬时会有一定的受害，需要保护及多年的养护。在不适宜区各品种受害较重，不能正常生长或表现出植株原有的特性。

1.3.3 抗寒梅花区域试验

1.3.3.1 试验材料和方法

区域试验通过实际的栽植得到植物种（或品种）在当地的生长适应情况，其结果可以作为该种（品种）在当地推广应用的依据。适生地分析针对某一品种的特性，以其代表点为中心，在全国或世界范围内进行相关的相似计算，从而确定出不同程度的适宜该品种生长的等级范围，可以快速地确定大面积不同地点的品种适生情况。区域试验和适生地分析的结果是点与面的结合，以点的特征表达面的总体情况，从而快速地将区域试验的结果扩大到更广的地区应用。

本研究选择具有代表性的10个梅花抗寒品种，不同地区试验的具体品种根据当地的气候条件和初步区域试验结果进行调整。试验品种及其种系来源、特征等见表1–9。综合气候特点、交通条件及以往的抗寒梅花品种区域试验的结果，本研究选择了7个试验点，分别是北京（北京林业大学博导楼前、梅菊圃）、山西太原（山西省农科院园艺所）、陕西延安（延安市园林管理处、延安大学）、甘肃兰州（甘肃省林业科技推广总站）、内蒙古包头（包头市园林科技研究所）、辽宁沈阳（沈阳市园林科学研究院）、吉林长春（长春市动植物公园）。

表 1–9　进行区域试验的抗寒梅花品种及其特征

品种	种系、型	来源	主要性状	抗寒性
‘北京玉蝶’	真梅系玉蝶型	1957 年秋来自沅江，自‘骨梅’天然授粉混交梅子实生苗中选出	树冠不正形，干紫灰褐，小枝淡绿，略有枝刺，年生长量中；花中大，复瓣，白色，清香沁人	抗 –19 ℃
‘三轮玉蝶’	真梅系玉蝶型	1986 年引自武汉	树冠为略扁圆形，大枝斜出，小枝粗，淡绿色，半边洒古铜晕，有少量枝刺。着花中繁，白色，复瓣，中大，清香	约抗 –25 ℃
‘复瓣跳枝’	真梅系洒金型	1986 年引自武汉	树冠扁圆开张，干紫褐灰，有不规则纵驳纹，皮孔密，中小，枝直上及斜出，枝刺少，年生长量中。着花繁密	抗 –19 ℃
‘密花江’梅	真梅系江梅型	1988 年北京中山公园引自江南地区，1995 年株选后分离而出	树冠扁圆不正，干紫褐色，有疏生纵驳纹，皮孔疏大，大枝直上及斜出，小枝灰绿，中粗，生长势略强，有枝刺。着花特繁密，花白色，浅碗形，浓香	约抗 –25 ℃
‘美人’梅	樱李梅系美人梅型	1987 年引自美国	树冠不正形，干灰褐紫，枝直上及斜出，灰暗褐紫色，中粗，年生长量中。着花繁密，淡紫粉红，具紫色长梗，常略下垂，有香味，但非典型梅香	约抗 –25 ℃
‘丰后’	杏梅系春后型	1986 年引自武汉（转引自日本大分）	树冠扁圆开张，干红褐色，枝直上及斜出，小枝灰绿，多为古铜紫褐晕所掩，似杏，特粗壮。花重瓣，中至大花，桃红，无香味	约抗 –25 ℃
‘淡丰后’	杏梅系春后型	从‘丰后’中选出	同上，花色较‘丰后’浅淡	约抗 –25 ℃
‘送春’	杏梅系春后型	1985 年引自武汉及合肥	树冠倒卵状长圆形，干灰褐，似桃干，皮孔粗大突出，大枝直上，小枝直上及斜出，中粗，浅灰古铜绛紫，似杏，年生长量中。着花繁密，重瓣，淡紫色	抗 –21 ℃
‘燕杏’	杏梅系单瓣杏梅型	1982 年，杏 ×‘粉红’梅	树冠卵圆形，干紫褐，皮孔小而密，枝同干色，粗，生长势强，节间短。着花极繁密，白色，单瓣，花期较短	抗 –35 ℃
‘中山杏’梅	杏梅系单瓣杏梅型	1988 年北京中山公园引自江南地区	树冠扁圆不正，开张性强，干灰黄褐色，皮孔密，中多，小枝褐红色，粗，生长势强，节间短。着花极繁密，极浅粉色，单瓣	抗 –25 ℃

由于试验地点的温度低于北京，梅花在北京萌芽早于其他试点，运送时梅花根部蘸泥浆，对枝干适当修剪后用塑料包裹，运到目的地后直接栽种或者暂时栽在盆中，置于温室，待室外气候条件合适后移栽定植。按照常规管理方法，对其浇水，防治病虫害。第一年采取全株或部分防寒，以后仅在入冬前施基肥，进行基部埋土。

调查项目包括：生长量，包括株高、地径、冠高、冠径、一年生枝数及枝长等（分春、秋两次调查）；病虫害；越冬及开花情况，包括越冬防寒措施、受冻级次、开花时间及性质描述等，于每年春季调查；同时记录越冬时段的极端低温及风力情况，12 月到次年 4 月的温度、湿度等。

本研究对每个品种的评价涉及每一单株的生长量、越冬性、开花情况及抗逆性等多个方面，且有些指标是定性描述的，对每一项单独比较不能得到客观的评定结果。根据各个指标在区域试验中的重要性，按照一定的比例进行评分，可以相对客观地进行比较。表 1-10 和表 1-11 列出了各个指标的分值及数值转换方法。对区域试验中的每一个单株进行打分，通过比较综合评价值评价不同抗寒梅花品种在不同试点的生长适应情况。

表 1-10　梅花品种性状评比百分标准

<table>
<tr><td rowspan="2">项目</td><td colspan="3">生长量</td><td rowspan="2">越冬性</td><td rowspan="2">开花情况</td><td rowspan="2">病虫害</td><td rowspan="2">印象评价</td></tr>
<tr><td>树高</td><td>根径 *</td><td>冠幅</td></tr>
<tr><td rowspan="2">评分</td><td>10%</td><td>10%</td><td>10%</td><td rowspan="2">40%</td><td rowspan="2">25%</td><td rowspan="2">5%</td><td rowspan="2">±5%</td></tr>
<tr><td colspan="3">30%</td></tr>
</table>

* 根径是近地表 5 cm 处主干的直径。

表 1-11　梅花品种性状评比分级标准及数值转换

<table>
<tr><td colspan="2" rowspan="2"></td><td colspan="2">Ⅰ</td><td>Ⅱ</td><td>Ⅲ</td><td>Ⅳ</td><td>Ⅴ</td></tr>
<tr><td colspan="2">5</td><td>4</td><td>3</td><td>2</td><td>1</td></tr>
<tr><td rowspan="2">树高</td><td rowspan="2">0.1</td><td colspan="2">≥ 100 cm</td><td>70~100 cm</td><td>40~70 cm</td><td>10~40 cm</td><td>≤ 10 cm</td></tr>
<tr><td colspan="2">0.5</td><td>0.4</td><td>0.3</td><td>0.2</td><td>0.1</td></tr>
<tr><td rowspan="2">根径</td><td rowspan="2">0.1</td><td colspan="2">≥ 1.5 cm</td><td>1~1.5 cm</td><td>0.5~1 cm</td><td>0.1~0.5 cm</td><td>≤ 0.1 cm</td></tr>
<tr><td colspan="2">0.5</td><td>0.4</td><td>0.3</td><td>0.2</td><td>0.1</td></tr>
<tr><td rowspan="2">冠幅</td><td rowspan="2">0.1</td><td colspan="2">≥ 100 cm</td><td>70~100 cm</td><td>40~70 cm</td><td>10~40 cm</td><td>≤ 10 cm</td></tr>
<tr><td colspan="2">0.5</td><td>0.4</td><td>0.3</td><td>0.2</td><td>0.1</td></tr>
<tr><td rowspan="2">越冬性</td><td rowspan="2">0.4</td><td>无冻害</td><td>B1</td><td>B2</td><td>B3</td><td>B4</td><td>B5</td></tr>
<tr><td>2</td><td>1.6</td><td>1.2</td><td>0.8</td><td>0.4</td><td>0</td></tr>
<tr><td rowspan="2">开花情况</td><td rowspan="2">0.25</td><td colspan="2">繁密</td><td>着花中等</td><td>花朵稀少</td><td>仅零星几朵</td><td>无花</td></tr>
<tr><td colspan="2">1.25</td><td>1</td><td>0.75</td><td>0.5</td><td>0</td></tr>
<tr><td rowspan="2">抗病虫性</td><td rowspan="2">0.05</td><td colspan="2">无病虫害</td><td></td><td>病虫发生中等</td><td></td><td>虫害严重</td></tr>
<tr><td colspan="2">0.25</td><td></td><td>0.15</td><td></td><td>0</td></tr>
</table>

续表

		Ⅰ	Ⅱ	Ⅲ	Ⅳ	Ⅴ
		5	4	3	2	1
印象评价	±0.05	适应当地自然条件，生长开花良好		适应生长，但综合表现一般		表现不适
		+0.05		0		−0.05
Σ		4.75+0.05	3.8	3	1.9	0.7−0.05

1.3.3.2　结果与分析

通过对不同试点品种综合表现的分析，可以看出不同地点所试品种的表现各异，而同一品种在各地的表现也是不同的，将同一品种在不同地点的评价值进行显著性分析，从而对所试品种的整体适应能力进行综合评价。随着生长时间的增长，植株的表现更能反映对当地条件的适应情况。

从表 1–12 可以看出在区域试验的各品种中，'燕杏'的整体评价值最高，其次分别是'美人'梅、'丰后'（'淡丰后'）、'送春'、'中山杏'梅、'密花江'梅、'北京玉蝶'和'复瓣跳枝'。具体分析如下。

表 1–12　抗寒梅花品种在不同区域试验点评价值的比较

试点	'美人'梅	'燕杏'	'丰后'/'淡丰后'	'送春'	'中山杏'梅	'密花江'梅	'北京玉蝶'	'复瓣跳枝'
北京	4.61a	4.90a	4.75a	4.55a	—	4.65a	4.28a	4.10a
沈阳	3.79c	4.61ab	4.72a	4.55a	—	—	—	—
太原	4.55a	4.40bc	4.18b	4.33b	3.78a	—	1.40c	1.45c
延安	3.10d	4.05cd	3.02c	3.43c	—	3.02b	—	—
长春	—	3.80d	3.20c	2.90d	2.90b	—	—	—
兰州	4.25ab	4.40bc	3.26c	3.30c	—	2.67b	2.10b	2.38b
包头	—	3.12e	2.63d	2.88d	2.85b	1.58c	—	—

（1）'燕杏'。各试点的评价值按由大到小的顺序为北京、沈阳、太原、兰州、延安、长春、包头。根据其各试点评价值的大小及在各地的生长情况分析，'燕杏'在北京、沈阳、太原、兰州、延安均可很好地生长及越冬。其在长春、包头评价值较低，在试验阶段该品种在越冬时有受害现象，通过气候条件分析，两地的限制因子各不相同，长春的限制因子是低温，而包头的限制因子是冬春交界时的干旱。而从植株本身来讲，区域试验阶段两地在日常栽培管理中都有各种问题，致使'燕杏'未能完全发挥其抗性，所以对长春、包头两个试

点需进一步试验。

（2）‘丰后’/‘淡丰后’。各试点的评价值由大到小的顺序为北京、沈阳、太原、兰州、长春、延安、包头。在北京、沈阳、太原其生长表现良好，在延安和兰州越冬时没有受害，尽管在区域试验阶段没有开花，但结合该品种在各地的综合表现，认为其可以在两地开花，可以应用。其在长春和包头的情况同‘燕杏’的分析相似。

（3）‘送春’。其在各地表现同‘丰后’。

（4）‘美人’梅。以特性来看，其同以上四个杏梅系品种的不同之处是其一年生枝较细，易受到低温及旱风的伤害。各地的评价值按从大到小的顺序为北京、太原、兰州、沈阳、延安。结合其在各地的生长情况，本研究认为在北京和太原，‘美人’梅的生长不会受害，在兰州、延安、沈阳其会受到低温或旱风的轻微伤害。‘美人’梅在长春和包头的试验不系统，从现有的结果看，其在两地的露地栽培有一定的困难。

（5）‘中山杏’梅。由于苗木短缺，该品种仅在太原、长春、包头试验，在这3个试点的评价值都比较低，需进一步增加试点，从而作出客观的评价。

（6）‘密花江’梅。本品种在北京、延安、兰州、包头进行了试验。作为真梅系品种，‘密花江’梅在抗性上要差于杏梅系品种，但从各地试点的生长情况来看，该品种表现出了较强的适应性。在以后的区域试验和推广工作中可以将其作为一个重要品种加以应用。

（7）‘北京玉蝶’和‘复瓣跳枝’。在整个区域试验中（除北京），这两个品种表现出不适应，除冬春时节的限制外，两个品种对周年的自然环境条件要求较高，所以不适合在环境恶劣，尤其是污染严重的地方推广，但鉴于在北京生长良好，这两个品种可以在“三北”南部气候条件较好的地方应用。

1.3.4 适生地分析与区域试验综合分析

由于植物是有生命力的个体，其生长表现受到苗木年龄及质量、栽培管理措施及实际生长的小环境条件的综合影响，所以会出现同一品种在不同试点的适应能力大小和适生地分析的适宜区域等级结果略有差异，导致点的特征不能很好地表示面的特点。这种情况需要进一步在面内选点，保证苗木本身及管理条件一致的情况下进行区域试验，从而得到更客观的结果，对同一等级内的点作出客观的评价。

另外，适生地分析中，同一等级内不同站点的具体气候因子差异也各不相同，在具体的指导实践中，要分析各个气候因子的相似距和所研究的品种对气候条件的具体要求，对每个站点作出客观的评价。

本研究进行适生地分析的品种是目前梅花抗寒品种中具有代表性的品种，研究人员通过对各品种抗寒性的测定及其在北京生长情况的调查，发现不同品种之间有许多相近之处，所以在进一步对其他抗寒品种的区域试验及推广应用研究中，可以参照现有的试验结果，达到多快好省之目的。然而，品种间差异的存在是不容忽视的，而每个品种对环境的适应能力也不同，只能选择不同条件的地点，通过实际的栽培试验才能充分了解品种特性，所以对新品种的推广应用要认识品种的共性和个性，进而充分发挥品种特色，加快品种应用进程。下面以'燕杏'梅为例，介绍依据气候相似论分析及实地引种试验结果综合分析的研究。

1.3.4.1 '燕杏'梅适生地分析结果

通过各种气候要素相似距的计算，此研究获得以北京为中心的'燕杏'梅在我国北方地区的各种计算结果。研究的具体范围界定为辽宁、吉林、黑龙江、内蒙古自治区、新疆维吾尔自治区、宁夏回族自治区、青海的全部区域及河北（北京以北）、山西、陕西、甘肃北纬 35°以北的地区。本研究确定各地的适宜程度和可能引种扩种的地方，评价最小单元为县。

按照 1 月平均温度大于 −15 ℃、5 月平均温度大于 10 ℃、水热相似距小于 0.5 的计算结果，将相似距按大小分成Ⅰ级 ~Ⅳ级，Ⅰ级适宜程度最高。各级的地理信息由"生物适生地分析系统"数据库导出，如下所示。

Ⅰ级，相似距 [0~0.2]：北京、山西省（临汾、翼城等）。

Ⅱ级，相似距 [0.2~0.3]：辽宁省（绥中、鞍山、海城、营口、庄河、皮口、长海、大连、建昌、锦西、锦州、凌海、台安、盘山、大洼、盖州、熊岳、瓦房店、旅顺），山西省（吉县、蒲县、洪洞、安泽、沁源、榆社、襄垣、沁县、武乡、长治、盂县、太原、交城、祁县、汾阳、介休、石楼、隰县、晋城），陕西省（延安、宜川、府谷、绥德、清涧），河北省（怀来、承德、承德县、宽城、迁西、青龙等）。

Ⅲ级，相似距 [0.3~0.4]：辽宁省（辽阳、沈阳、本溪、丹东、东沟、凌源、叶柏寿、喀左、朝阳、北票、阜新、义县、北镇、黑山、彰武、新民、辽中、发库、铁岭、岫岩），陕西省（洛川、宜君、黄龙、河曲、神木、榆林、横山、子长、吴旗、志丹），河北省（张家口、宣化、涿鹿、隆化、滦平、平泉、兴隆），山西省（离石、临县、兴县、原平、忻州、阳曲、繁峙、五台山、寿阳、陵川），甘肃省（兰州），新疆维吾尔自治区（喀什、英吉沙等）。

Ⅳ级，相似距 [0.4~0.5]：山西省（平鲁、静乐、岚县、偏关、山阴、朔州、宁武），吉林省

(图们、梨树、四平、集安、珲春),辽宁省(昌图、开原、章党、本溪县、草河口、凤城、康平、桓仁),宁夏回族自治区(固原、同心、海源、韦州、麻黄山、平罗、陶乐、贺兰、银川、永宁、灵武、青铜峡、中卫、中宁、盐池、同心、石炭井),甘肃省(广河、临洮、永靖、临夏、靖远、敦煌、景泰、白银),新疆维吾尔自治区(新源、霍而果斯、霍城、察布查尔),内蒙古自治区(八里罕、宁城、喀喇沁旗、敖汉旗、宝国图、库伦旗、阿鲁科尔沁左旗、翁牛特旗、扎鲁特旗、赤峰、奈曼旗、呼和浩特、土默特左旗、托克托、清水河、准格尔旗、伊金霍洛旗、包头、土默特右旗、乌审旗、乌海、中泉子),陕西省(定边),青海省(乐都、尖扎、民和、循化)。

上述结果是'燕杏'梅在我国北方地区的不同种植适宜区域,可为'燕杏'梅的引种扩种和驯化次序等提供科学依据。

1.3.4.2 '燕杏'梅引种试验结果

从梅花在各地的生长情况来看,决定'燕杏'梅能否在试验点种植的主要因素是其越冬和春季开花的表现,周年的生长量等因子体现了其生长的适宜程度。表 1–13 列出了'燕杏'梅在各试点两年的生长结果,其在北京、沈阳、太原和兰州的试验点没有发生冻害,并且开花比较繁密,生长量及病虫害等因子有一定的不同,但在沈阳、太原和兰州的评价值总和没有显著差异,'燕杏'梅可以在这些试点露地生长。在包头越冬时其一年生枝条受害比较严重,根据形态学判断,受害是由于春季回温时的低温和干旱所致。包头冬季寒冷干旱,春季风大,温度变化无常,而梅花对温度非常敏感,温度升高花芽萌动,而突然的寒流和旱风会将含苞的花朵扼杀,同时会影响到以后的萌芽生长。

表 1–12 各试点'燕杏'梅引种试验评价值分析

品种	试点	2003 年度(2003.04—2004.04)								2002 年度
		地径	株高	冠幅	越冬性	开花情况	抗病虫性	印象评价	总和	总和
'燕杏'	北京	0.45	0.5	0.45	2	1.25	0.2	0.05	4.9a*	4.85a
	沈阳	0.33	0.35	0.45	2	1.25	0.2	0.04	4.62ab	4c
	太原	0.15	0.4	0.4	2	1.25	0.15	0.05	4.4b	4.45bc
	兰州	0.5	0.3	0.35	2	1.25	0	0	4.4b	3.2d
	包头	0.4	0.4	0.4	1.2	0.5	0.22	0	3.12c	2.2e

* 同一品种数据采用 Duncan 多重比较,字母不同表示具有显著性差异(P<0.05)。
表中数据是根据表 1–11 中标准进行数值转换后的结果,为相对值。

根据2003年度的结果，'燕杏'梅在各试验点生长的评价值总和大小顺序是北京、沈阳、太原、兰州、包头。从实地引种试验结果综合分析来看，'燕杏'梅能适应北京、沈阳、太原、兰州等地的条件，可以露地种植。而包头由于春季的温度骤然升降和旱风影响了'燕杏'梅的正常越冬，需选择小气候更好的地点种植，同时还要加强其生长季的管理。

1.3.4.3　实际气象资料分析

本研究对北京、太原、沈阳、兰州、包头温度和降水的实际资料进行验证（见图1–2）。从温度（线形图）的变化看，北京和太原的年变化程度最接近，而降水（柱形图）年变化程度中北京和沈阳最接近，其次是太原、兰州、包头。

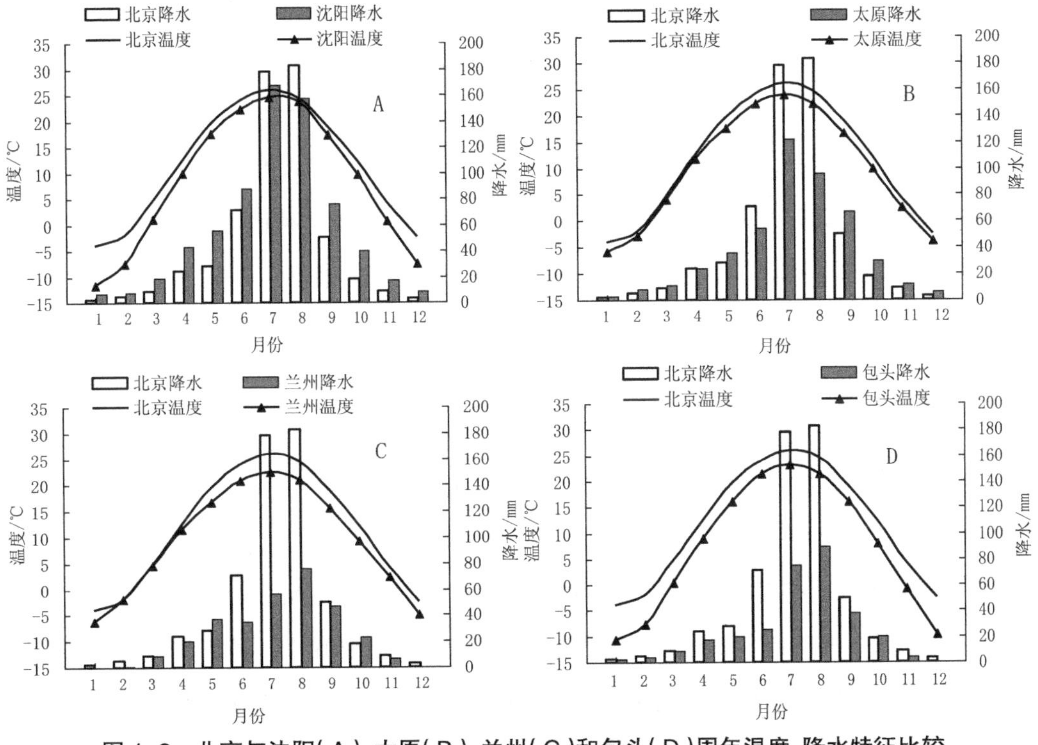

图1–2　北京与沈阳（A）、太原（B）、兰州（C）和包头（D）周年温度、降水特征比较

1.3.4.4　'燕杏'梅在"三北"地区应用综合分析

用"生物适生地分析系统"（以下简称"系统"）分析结果，'燕杏'梅相似距的大小顺序是北京（0.000）、太原（0.272）、沈阳（0.315）、兰州（0.377）、包头（0.500）。'燕杏'梅在各试验点生长的评价值总和大小顺序是北京、沈阳、太原、兰州、包头。用降水的周年实际资料验证比较，其接近程度顺序是北京、沈阳、太原、兰州、包头。因而本研究选择温度和降水作为评价的条件，“系统”分析、实地引种试验和实际资料验证结果基本一致。本研究应用“系统”的计算结果，对‘燕杏’梅在北方地区的适宜程度的划分是科学可靠的。根据适生地分析系统的原理分析，北京、太原、沈阳、兰州所在的级别Ⅰ、Ⅱ、Ⅲ中的地点可适合种植‘燕杏’梅。

梅花的主要原产地是中国，经过我国有关专家组的考察研究发现，野生梅在中国的分布范围集中在长江流域、珠江流域、西南地区和台湾等。随着梅抗寒品种的选育和栽培技术的提高，梅花的栽植区已远远突破了其自然分布范围，目前在我国北方地区的若干省市如青岛、北京、西安等地，也有了露地栽培的梅花。目前我国已拥有 30 多个能够适应北京地区气候条件的梅花品种，本次研究结果又使得梅花的栽培范围向北跨了一大步，而且能为北方地区引种栽培梅花提供指导，为其他抗寒梅花品种的推广应用奠定了基础。

确定一个种（或新品种）适宜生长的范围，传统的方法是以试种、区域试验寻找引种适宜区和进行区域划分，一般需要 3~5 年试验时间和大量资金、人力的投入。本研究根据‘燕杏’梅的生物学习性，利用“系统”寻找其在中国北方适宜引种和可能扩种的地区并对适宜程度进行区域等级划分，同时结合一定地区的引种试验，作为“系统”分析结果的佐证和补充，大大提高了寻找适生地的效率和引种、扩种的成功率。在当前的园林绿化建设中，丰富植物种类是一项重要的工作，其中涉及很多种（或品种）的引种，该方法可以在减小引种的盲目性、加速优良品种的推广速度上起到重要的作用。

为了扩大梅花抗寒品种的应用范围，丰富“三北”地区春季开花植物的种类，使梅花能在北国开放，我国梅花抗寒育种工作已进行了半个世纪，获得了 30 多个抗寒品种，它们可经受 -35~-19 ℃的低温。而新品种的推广应用只有通过正规的区域试验，对不同品种在不同生态区域条件下的生长适应性进行比较，才能客观地反映出品种真实的生长和抗性情况。这对于确定抗寒梅花新品种的推广地区尤为必要，同时可明确优良新品种的适栽地区和生产应用前景。

梅花种植资源研究、梅花抗寒品种选育的最终目标是让梅花在我国北方安家落户。陈先生先后指导 4 名博士生开展梅花区域试验研究，体现出他对梅花推广应用的重视以及让梅花开遍我国北方的决心。李庆卫（2012）在纪念陈先生的论文《梅花北移的理论与实践——纪念陈俊愉院士》中，将陈先生 55 年的梅花北移工作分为 3 个阶段。第一阶段是 1957—1964 年，以北京林业大学和北京植物园为中心，将梅花成功引入北京；第二阶段是 1986—2003 年，“三北”地区中部（包括长春、沈阳、太原、包头、延安、兰州等地）的区域试验成功；第三阶段，2003—2012 年，在“三北”地区北部，如新疆乌鲁木齐市、黑龙江大庆、吉林公主岭市等地进一步扩大试验。陈先生在半个多世纪梅花南树北移的工作中，创造性地提出了“通过实生繁殖、斯巴达式管理、循序渐进”的引种驯化理论体系，针对植物引种驯化的气候相似性原理，根据自己的实践提出“抓住主导生态因子进行驯化栽培”的南梅北移的驯化栽培理论。

我（笔者）在博士期间的工作属于上述第二阶段。17 年前，我带着梅花树苗，从北京出发，到太原、兰州、包头、延安、沈阳、长春，第一年是送树苗，后两年以调研为主，并补植苗木。17 年前的网络、交通都不像现在这么便利，我采用蚂蚁搬家的方法运送苗木，每年调研的同时到当地气象局查取气象资料。

令我印象最深刻的是，从兰州直达延安只有长途汽车，半夜醒来，发现车上的人都在睡觉，只有司机听着悠扬的山歌在漆黑的山路中行进，崎岖的山路，旁边是陡峭的悬崖，写这些文字时，还能隐约感受到当时内心的澎湃和一丝丝的担忧。后来两年调研，我为了安全考虑，从兰州到延安，就改乘兰州到西安、西安到延安的火车了。

陈先生常讲，以梅花精神做梅花事业。如果以现在便捷的快递、网络条件，区域试验的研究会方便很多，但如果事情都要等到条件成熟才做，梅花可能还徘徊在北京以南的地区。我博士入学时 24 岁，先生 84 岁。84 岁的老人希望他的梅花研究成果能着实地在寒冷的北方扎根、盛开，没有条件也要创造条件，所以才有今天梅花在中国北方的广泛分布。时至今日，到了不惑之年的我，好像才真正体会到当时工作的意义。

梅花精神，就是一种中国文化，一种需要渗透到国人骨子里的意识。当下的研究，追求创新的方法、创新的视角，人工智能、大数据、生物技术……在各个领域引领。无论科技如何创新、时代如何发展，几千年形成的民族文化和精神不会改变，正是这种执着奋斗的梅花精神，化为一种无形的力量推进社会的进步、国家的发展。

梅花的品种选育和推广应用应综合运用各种常规及现代的技术手段，扩大梅花的应用范围，也为更多的区域增加适生的园林植物资源，发挥我国传统名花的影响力和作用。

参考文献

[1] CHEN R. ZHANG QIXIANG, CHEN JUNYU. Studies on breeding hardy cultivars of

mei flower (Prunus mume) for gardens in Beijing[J]. Acta Hortic,2008(769): 305–311.

[2] HARADA H, MURAI Y. Micropropagation of prunus mume[J].Plant Cell, Tissue and Organ Culture,1996,46(3): 265–267.

[3] LI QINGWEI, ZHANG QIXIANG, CHEN JUNYU. Identification of the wild germ–plasm of Prunus mume based on AFLP markers[J].Chinese Journal of Biotechno–logy,2012:(8):981–994.

[4] PATZ J A, EPSTEIN P R, BURKE T A, et al. Global climate change and emerging infectious diseases[J].JAMA,1996,275(3) :217–223.

[5] ZHANG QIXIANG，ZHANG HE，SUN LIDAN，et al. The genetic architecture of floral traits in the woody plant Prunus mume[J]. Nature Communications,2018,9,1702：1–12.

[6] ZHANG QIXIANG, CHEN WENBIN, SUN LIDAN. The genome of Prunus mume[J]. Nature Communication, 2012(3):13–18.

[7] 陈俊愉. 梅花研究六十年 [J]. 北京林业大学学报，2001，9(24)：224–229.

[8] 陈俊愉, 陈瑞丹. 中国梅花品种群分类新方案并论种间杂交起源品种群之发展优势 [J]. 园艺学报,2009,36(5): 693–700.

[9] 陈俊愉, 张春静, 张洁, 等. 中国梅花的研究 III: 梅花引种驯化试验 [J]. 园艺学报,1963,2(4):395–410.

[10] 陈俊愉. “二元分类”——中国花卉品种分类学新体系 [J]. 北京林业大学学报，1998(2):1–5.

[11] 陈俊愉. 一树独先天下春——梅花 [M]//《世界农业》编辑部. 名花拾锦. 北京：农业出版社，1987.

[12] 陈俊愉. 中国花卉品种分类学 [M]. 北京：中国林业出版社，2001.

[13] 陈瑞丹，国际梅品种登录工作 19 年——业绩与前景[J]. 北京林业大学学报，2017(S1):1–4.

[14] 陈瑞丹. 梅花杂交育种及其胚培养的研究 [D]. 北京：北京林业大学，2003.

[15] 程金水. 园林植物遗传育种学 [M]. 北京：中国林业出版社，2000.

[16] 傅萼辉, 徐惠珠, 王豫兰, 等. 美人梅的茎段离体培养 [J]. 北京林业大学学报，

1995(S1)：75–78.
[17] 胡芳名，龙光生. 经济林育种学 [M]. 北京: 中国林业出版社, 1995.
[18] 胡永红. 抗寒梅花育种——梅花杂交、胚培养及胚胎发育的研究 [D]. 北京：北京林业大学，1994.
[19] 黄国振. 对影响梅花在北京越冬驯化的若干生理生化因素的研究 [J]. 园艺学报，1980，7(1)：39–50.
[20] 李庆卫. 梅花北移的理论与实践——纪念陈俊愉院士 [J]. 中国园林，2012(8):42–45.
[21] 刘青林，陈青华，陈俊愉. 梅花愈伤组织培养研究初报 [J]. 北京林业大学学报, 1999(2):100–105.
[22] 刘青林. 梅花远缘杂交与杂种无性系的研究 [D]. 北京：北京林业大学，1996.
[23] 吕英民, 陈俊愉. 梅花垂枝形状遗传研究初报 [J]. 北京林业大学学报，2003(S2)：43–45.
[24] 魏淑秋. 中国与世界生物气候相似研究 [M]. 北京：海洋出版社，1994.
[25] 魏淑秋. 气候相似性研究的进展与应用 [M]// 徐光耀. 地磁大气空间研究及应用. 北京: 地震出版社,1996.
[26] 张启翔. 梅花远缘杂交与抗冻生理研究 [D]. 北京：北京林业大学，1990.
[27] 张启翔. 梅花远缘杂交与抗寒性育种 [J]. 园艺学报，1988，10(4):53–67.
[28] 张秦英，陈俊愉. 我国园林植物研究及景观应用的几个方面 [J]. 现代园林，2008(12):49–51.
[29] 张秦英，郝小飞. 梅花在北方地区应用的生态因子分析 [J]. 北京林业大学学报，2012(S1):28–30.
[30] 竺可桢. 中国近五千年气候变迁的初步研究 [J]. 中国科学，1973(2)：168–189.
[31] 陈俊愉, 程绪珂. 中国花经 [M]. 上海：上海文化出版社,1990.
[32] 张秦英. 抗寒梅花品种区域试验及离体培养的研究 [D]. 北京: 北京林业大学，2004.
[33] 张秦英, 陈俊愉，申作连. 不同激素对‘美人’梅叶片离体培养的影响及其细胞学观察 [J]. 北京林业大学学报，2004(S1)：42–44.
[34] 张秦英, 陈俊愉, 魏淑秋, 等.‘燕杏’梅栽培适生地和引种试验初步分析 [J]. 北京林业大学学报, 2007,29(1)：155–159.

第2章 地域植物景观营造探索：以天津盐碱地植物景观为例

随着城市的快速发展和生态环境建设任务的加剧，除美化绿化外，绿地景观被赋予实现更多的功能，如自然保护、社区参与、环境教育、可持续发展及更经济有效的建植和管理措施等。绿地系统中植被的配置及设计方法直接影响景观效果及生态效益的发挥。植物景观设计逐渐由规则式、园艺式的人工管理模式向不规则的、自然生态的模式转变，结合场地属性，体现地域景观也成为设计师追求的重要目标。

体现地域景观是景观设计的重要目标，植物以其特有的气候适应性和地带性成为体现地域景观的重要载体。我国地域辽阔，地形条件复杂，雨热同季，为植物生长提供了丰富的生境条件。《中国植物志》中载有我国地域性植物种类3万多种。《中国植被》（吴征镒，1980）以植被类型为植被区划的主要依据，以植物的水平地带性为植被区划的主要基本原则，把陆域的植物划分为具有代表性的八大植被区域：大兴安岭北部寒温带落叶针叶林区域；东北、华北温带落叶阔叶林区域；华中、西南常绿阔叶林区域；华南、西南热带雨林、季雨林区域；内蒙古、东北温带草原区域；西北温带荒漠区域；青藏高原高寒草甸、草原区域；高寒荒漠区域。这些区域形成地域植物景观的宏观基质。人工建成环境，无论是城市还是乡村，都在不同程度上改变了原有的地域特质和气候特点。模拟自然，将地带性自然植被群落引入建成环境，是近年来园林植物应用研究的重要方向。

2.1 天津的自然环境与植物资源

2.1.1 自然植被区系

天津位于我国大陆海岸线北部的渤海湾，属暖温带大陆性季风型气候，四季分明，冬春多风，干旱少雨；夏季炎热，雨水集中；年平均气温为12.3 ℃，1月最冷，平均气温为 −4 ℃；7月最热，平均气温为26 ℃。天津平均无霜期为196~246 d，年平均降水量为

550~680 mm，夏季雨水集中，占全年的 80% 以上，年蒸发量平均为 1 100~1 200 mm，是降雨量的两倍。

天津地势以平原和洼地为主，北部有低山丘陵，海拔由北向南逐渐下降。北部山区最高峰海拔为 1 052 m；平原海拔大部分在 5 m 以下。地貌主要有山地、丘陵、平原、洼地、滩涂等。土壤主要有山地棕壤、山地淋溶褐土、褐土、潮土、沼泽土、水稻土、盐土等 7 类，土壤盐碱化程度较高。

基于地理位置、地形地貌、气候、土壤的特点，天津形成了独具特色的植物区系分布，根据刘家宜等的野外调查，天津已知的高等植物共约 1 400 种，分属于 158 科、742 属。其中蕨类植物 35 种，裸子植物 11 种，4 变种；被子植物 1 313 种，其中菊科植物种类最多，142 种，为种总数的 10.8%，其次有豆科、禾本科、百合科、蔷薇科、十字花科、莎草科、蓼科等。草本植物种类多于木本植物。

天津的地带性植被是暖温带落叶阔叶林，兼有温性针叶林。天津开发较早，自然植被被破坏殆尽，仅在较高山区如八仙桌子、黑水河、太平沟、黄乜子、盘山、西水厂等地存有少数天然次生林；在湖泊、河底、沼泽、沙地、滨海盐滩等处有一些水生、沼泽生、沙生和盐生植被。平原地区的自然植被被农业栽培植物所代替。

根据植物群落组成和建群种的生活型，天津的植被大致可划分为 9 个植被型、16 个群系和 32 个群丛。

1. 针叶林

针叶林分布在蓟州区北部山区，构成两个针叶林群落。

（1）油松 – 多花胡枝子群落，主要分布在蓟州区海拔 360~820 m 处阴坡或半阴坡，覆盖度为 70%~90%。林下灌木多花胡枝子为优势种。

（2）侧柏 – 多花胡枝子群落，分布在蓟州区海拔 420 m 左右的半阴坡，覆盖度为 60%~80%。林下灌木层主要是蚂蚱腿子、胡枝子、小叶鼠李、荆条、榛子、小花溲疏等。

2. 针阔叶混交林

其分布在蓟州区北部山区，主要是油松、栓皮栎、槲树等相混交。

（1）油松 + 栓皮栎 – 吉氏木兰群落，分布在蓟州区海拔 150~600 m 处，覆盖度一般为 60%。林下灌木仅有吉氏木兰、溲疏。

（2）油松 + 槲栎 – 二色胡枝子群落，分布在盘山中部海拔 260~650 m 的半阴坡，以油松和槲栎为优势种，混生有栓皮栎和臭椿，覆盖度为 70%。林下灌木有二色胡枝子、大花溲疏、吉氏木兰、小叶鼠李、三裂绣线菊、荆条等。

3. 落叶阔叶林

其主要分布在蓟州区北部山区，以槲栎为主，兼有栓皮栎、吴茱萸等，组成天津地区的地带性植被类型。

（1）槲栎 – 照山白群落，分布在海拔 500~800 m，槲栎为上层优势种，覆盖度达 90% 左右，还混生有榆树、大叶白蜡。灌木层的优势种为照山白，其次有兰荆子、多花胡枝子、吉氏木兰等。

（2）吴茱萸 + 坚桦 + 大叶白蜡 – 照山白群落，分布在海拔 800~1 052 m 处。群落结构复杂，常以吴茱萸、坚桦、大叶白蜡、照山白构成典型的次生杂木林，覆盖度达 90% 左右。

（3）山杏 – 小叶鼠李群落，多分布在海拔 420~500 m 的山顶，以山杏为优势种，形成矮乔木群落，覆盖度为 60% 左右。灌木种类伴生有照山白、吉氏木兰、绣线菊、荆条、酸枣等。

（4）栓皮栎 – 荆条群落，分布在海拔 150~270 m 处，以栓皮栎为主，形成落叶阔叶林，林下是以荆条为主的灌木层。灌木以荆条、酸枣为优势种，伴生有多花胡枝子、吉氏木兰、绣线菊。草本植物以白羊草、菅草为优势种，覆盖度为 60% 左右。

4. 草甸

草甸分布在宝坻一带，由洼地沼泽植被演替而来，有耐旱植物白茅、狗尾草、虎尾草等。如积水，可复生芦苇沼泽植被。

5. 盐生植被

经常受到海潮浸渍的渤海湾沿岸生长着特殊的盐生植被，其外貌呈现艳丽的紫红色。

（1）盐地碱蓬群落，分布在近海区域，直接受海水和海潮的浸泡。代表植物有盐地碱蓬、盐角草。

（2）盐地碱蓬 – 獐毛群落，分布在盐地碱蓬群落的外缘，远离海岸，很少受海潮影响，以盐地碱蓬和獐毛为优势种，偶有芦苇侵入。

（3）盐地碱蓬 – 芦苇群落，分布在地势较高及河口两岸湿润的土壤上，构成以盐地碱蓬为背景，其中生长着成丛、成片的芦苇。

（4）碱菀 – 盐地碱蓬群落，分布在滨海一带常年积水的小洼淀四周，以碱菀、盐地碱蓬为优势，伴生有扁秆藨草、盐角草、中亚滨藜、蒿等。

6. 沼泽植被

沼泽植被分布在天津平原常年积水的洼淀，占地面积约 66.7 平方千米，以芦苇为优势种，常见香蒲伴生，覆盖度为 90%~95%。

7. 水生植被

水生植被分布在淡水水库洼淀中，有沉水型植物 11 种、浮水型植物 2 种、挺水型植物 7 种，常见的有狐尾群落、狐尾藻 + 金鱼藻 + 黑藻群落、水葱群落、扁秆藨草群落等。

8. 沙生植被

沙生植被分布在永定河故道沙丘地区，原生植被为刺穗藜 + 猪毛菜群落。后随植树防风固沙，这此区域已被垦为果园、农场。

9. 栽培植被

栽培植被是人工培植的植被，有麦田、稻田、果园、菜园、药圃、苗圃、公园绿地等。

2.1.2　天津城市绿化常用园林植物

天津自然环境条件的限制及城市化引发的热岛效应、土壤贫瘠、土壤污染等一系列环境问题对天津城市绿化树种的选择提出了挑战。天津市园林部门及相关学者就天津市园林绿化树种的选择进行了系列研究，2007 年，笔者受邀参加天津市园林绿化研究所组织的《天津市园林绿化手册》一书，负责其中的第三章“天津园林绿化植物的选择与应用”的编写，通过整理天津市园林局（现天津市市容园林委）公布的天津城市绿化指南、天津植物志、相关文献及现场调研，按照不同的绿地类型，列出了可以使用的植物种类，以附表的形式，列出了 224 种常用的园林植物、32 种具有较高应用潜质的乡土植物。为了丰富天津地区的冬季景观，笔者开展了天津市常绿植物的选择和应用评价，总结出 40 种（含品种）可以在天津绿地越冬的常绿植物。

上述种类是在满足一定的土壤条件下才能正常生长的种类。根据天津市土壤的特点，土壤盐碱化是植物生长的主要限制因子之一，也是形成特色地域植物景观的自然要素。作为发挥城市绿化、美化、生态化功能的园林植物资源，盐生植物一直被赋予很大的期望，尤其在大量应用乡土植物、营造地域景观的大背景下，如何发挥盐生植物在盐碱地绿化中的作用的研究一直在进行。目前，全世界已发现的盐生植物约有 3 000 种，我国的盐生植物约有 1 000 种，近年来，我国在植物抗盐性、抗盐植物品种资源的发掘和利用等方面的研究取得了一定的成果。就盐碱地植物资源的应用，有大量的硕、博士论文和期刊论文。相关研究可以分为几大类，如当地盐生植物资源的调查、耐盐植物的引种驯化、植物耐盐性及耐盐机制研究、盐碱地特色植物景观营造等。笔者从城市绿地建设和地域植物景观营造的角度，分别就耐盐植物资源、盐碱土生态修复模式及特色景观效果等几个方向展开探索。

采用科学的、艺术的配置方式是发挥植物美化和改善环境功能的必要条件。在自然条件下，不同植物以一定的方式组合在一起，形成稳定的植物群落，不仅丰富了植物景观，也发挥了最大的生态效益。师法自然，遵循生态学原理，进行恰当的配置，形成人工植物群落，可以更好地进行园林绿化。

2.2 盐碱地植被恢复生态模式的探索

2.2.1 耐盐植物资源

1. 植物耐盐形态与生理机制

任何一种环境条件或者生境条件下的植物选择，都可以被看作环境因子（生态因子）与植物习性的相互匹配。植物通过不同的生理机制，适应土壤的盐碱度，同时亦有特殊的形态特征来适应特殊的环境条件，如：外形上表现出植株个体矮小、干硬；叶子不发达、气孔下陷，表皮具厚的外皮，常具灰白色绒毛；组织学上表现为细胞间隙小，栅栏组织发达；有的具有肉质性叶，有特殊的储水细胞等。盐生植物的形态特征具有与耐旱植物相近的形态和生理机制，但并不完全一致。植物的形态特征与生态习性的相互对应，为我们更好地辨认和掌握植物、把握其生态习性提供了线索。

植物以不同的生理机制来适应土壤中的盐分，可以分为聚盐植物、泌盐植物、拒盐植物 3 个类型。很多研究证明，植物的生长可以有效地改善土壤的理化性质、微生物的种类和数量。不同植物不同的耐盐机理表现出盐分在土壤、植物之间不同的传递途径，形成不同的土壤改良效果。

（1）聚盐植物。其叶茎肉质化，具贮盐水细胞，渗透压一般在 40 atm 以上，能够吸收高浓度土壤溶液中的水分，例如白刺、枸杞、盐角草、盐地碱蓬、碱蓬、地肤、碱地肤、东亚市藜、单叶蔓荆、碱地蒲公英、紫花山莴苣、凤尾兰、芦竹、狭叶香蒲、水葱、莲、荇菜等。这类植物能够把盐分积聚在体内，通过收割移除植物地上部分的植株可达到土壤排盐的效果。

（2）泌盐植物。其能把根吸入的多余盐通过茎、叶表面密布的盐腺排出来，再经风吹和雨露淋洗掉，属于这类植物的有柽柳、二色补血草、互花米草、大米草、狐米草、獐毛、中亚滨藜、藜、滨海的各种红树植物等。这类植物亦能转移土壤中的盐分，但由于盐分被排到植物茎、叶表面，难以实现有效的异地处理。

（3）避盐植物（抗盐植物）。其根细胞对盐类的透过性非常小，细胞的渗透压也很高，提高了根从盐碱土中吸水的能力，如朝鲜碱茅、沙枣、火炬树、毡毛梣（白蜡）、臭椿、杜梨、罗布麻、紫穗槐、砂引草、虎尾草、白茅、田菁、蜀葵、碱菀、白车轴草、芦苇等都属这一类。此类植物抗盐能力强，但不能形成盐分在土壤－植物之间的循环。

盐生植物具有天然的盐渍土改良功效，可为盐碱地建立长期稳定的绿地生态系统提供保障。利用盐生植物改良盐碱地是解决盐碱地利用的一个切实可行的方法（Barre，2002）。盐生植物已经被用来恢复含盐量高的土壤的生产力（Ahmad and Chang，2002）。盐渍土种植盐爪爪、盐地碱蓬、白刺等盐生植物后，Na^+ 降低，土壤肥力和微生物数量增加（赵可夫等，1999）。对植物根冠区土壤盐分和盐分组成变化规律的研究表明，盐生草本植物根际土盐分降低趋势明显，稀盐（真盐）盐生植物、泌盐盐生植物比拒盐盐生植物和一般耐盐植物的作用大（郗金标等，2004）。对天津滨海生态防护圈内人工植物群落的盐分积累与分配规律的研究结果表明，草本群落对 K、Na、Ca、Mg 和 Cl 五种元素的积累能力最强，其次是乔灌草群落、灌木群落和灌草群落（徐永荣等，2004）。

2. 植物耐盐性

就盐碱土绿化来讲，根据天津市对土壤特点的分级，根据种植前 0~100 cm 土体的全盐含量，将盐渍土壤划分为滨海盐土（>0.6%）、重度盐渍土（0.4%~0.6%）、中度盐渍土（0.2%~0.4%）和轻度盐渍土（0.1%~0.2%）4 个级别。针对含盐量土壤的分级，下面对植物的耐盐性进行分类。

滨海盐土的指示植物有碱蓬、盐角草、白刺、藜等植物，原生植被有盐地碱蓬、猪毛菜、滨藜、柽柳、湿生芦苇、中生芦苇、白刺、二色补血草等。

重度盐渍土适用植物有田菁、碱蓬、盐地碱蓬、罗布麻、柽柳、苜蓿、紫穗槐、狐尾草、砂引草、滨藜、草木樨、地肤、地被菊、二色补血草、紫花山莴苣、单叶蔓荆等种类。

中度盐渍土推荐耐盐碱植物有杜梨、构树、臭椿、千头椿、红叶椿、绒毛白蜡、中国白蜡、洋白蜡、旱柳、馒头柳、绦柳、榆树、大果榆、垂枝榆、栾树、泡桐、毛泡桐、刺槐、红花刺槐、桂香柳、枣树、桑树、皂荚、丝绵木、合欢、杜仲、君迁子、盐肤木、火炬树、山桃、新疆杨、桧柏、龙柏、柽柳、紫穗槐、金雀梅、锦鸡儿、多花蔷薇、金银木、白刺花、木槿、石榴、胡枝子、接骨木、月季、西府海棠、金叶女贞、水蜡、小叶女贞、紫（白）丁香、暴马丁香、华北香薷、碧桃、榆叶梅、黄刺玫、珍珠梅、锦带花、紫叶小檗、紫叶李、胶东卫矛、砂地柏、剑麻、大叶黄杨、早园竹、五叶地锦、鸡矢藤、爬山虎、美国凌霄、金银花、山荞麦等。

轻度盐渍土上的植物种植宜切合本地森林植被区域的自然规律，展示具有地方特色的自然形态。在小气候条件适宜的地区，宜适当增加驯化植物品种，增加盐碱地绿地生态系统的物种多样性。

2.2.2 植被恢复与生态演替

演替是指某一地段上一种生物群落被另一种生物群落所取代的过程。每一个演替系列都由先锋阶段开始，经过不同的演替阶段，到达中生状态的最终演替阶段。在自然环境条件差的地方，先引入先锋植物，先锋植物的存在改善了局部小生境条件，逐步会促进更多的乡土植物种类生长，启动自然演替的进程。自然演替是一个相对漫长的过程，在这个过程中，可以通过适当的人为干扰，适时适度地引入新的物种，促进演替的进程。

盐渍化生境中退化生态系统的恢复与重建是恢复原来的植被和其相应的结构与功能，或者将植被恢复到与原有植被具有相似的结构与功能并维持系统生产力的稳定发展。在原生植被稀疏的滨海盐渍土上进行的生态恢复实为生态重建，通过用适当的方法人工干预盐生植被的演替，对生境中自然分布的种类进行人工抚育，并引种驯化一部分外来植物种类，这是盐渍化生境中植被恢复的主要内容。

1. 植被恢复与生态重建

植被恢复的过程如下。先是被称为先锋植物的种类侵入遭到破坏的地方并定居和繁殖，先锋植物改善了被破坏地的环境，使得其他物种侵入后被部分或全部取代，进一步改善环境，更多物种侵入的结果是生态系统逐渐恢复到它原来的外貌和物种。生物群落演化有几项明显特征：①植物群落对地力的要求从低到高发生迁移变化；②土壤厚度逐步增加；③植物群落的高度从低到高变化；④从寿命短的种类向寿命长的种类发生变化；⑤先锋植物在一系列变化中起到重要作用。根据生物群落演绎理论，盐碱地的生态恢复的顺序一般应为：先锋植物（一般为人工选择的草类植物）→当地草种→灌木→乔木。

植被的恢复与重建最直接地体现着一个地区绿地系统的景观效果。探索天津市植被恢复与重建的模式，实质上是针对不同的土地利用类型或景观级别要求，对植物进行最经济与生态的选择。模拟原生植被的、具有地域特征的种植模式适用于盐碱地特色景观的表达，在重度盐渍土上，近期以盐生植被进行覆盖，中、长期可逐步实现持久稳定的耐盐碱植物群落，演替进程需要较长的植物生长周期；在中、轻度盐渍土上，可以按植物的生态习性配置具有世代演替的复层植物群落，或根据城市环境的具体要求配置人工植物群落；对已建成绿地进行综合养护管理是保障景观优化成果的关键。针对滨海盐渍土这一特殊自然条件下的水肥管理、植物的整形修剪、病虫害防治成为景观优化的日常工作内容。

2. 盐碱地植被恢复模式探索

我国传统滨海盐碱地绿化模式主要为局部排盐、淡水洗盐及大面积客土方式，这些方式虽然绿化见效快，成功率高，但存在着资源浪费、破坏生态环境及不可持续发展等问题。综合国内外经验及开发区的绿化实践，本研究提出天津市盐渍土植被恢复的基本方法与具体措施。

第一步：针对滨海盐渍土的土壤特性以及前期开发建设中所产生的矛盾，可以先对不具备绿化条件的土壤进行充分的风化、改良、深翻、熟化，促进矿物质的转化，增加土体的矿物营养成分。

第二步：在初步具备绿化条件的土壤上种植盐生植物，降低土壤盐分含量。①在重度盐渍土区，结合景观规划，利用聚盐植物、拒盐植物、吸盐植物、泌盐植物和耐盐植物形成景观层次；② 中度盐渍土区以耐盐碱树种为主，按植物的生态习性配植具有世代演替的复层仿生群落；③轻度盐渍土区的种植宜切合本地森林植被区域的自然规律，展示具有地方特色的自然形态；④ 在小气候条件适宜的地区，宜适当增加驯化植物品种，增加盐碱地绿地生态系统的物种多样性。

第三步：耐盐碱植物和豆科根瘤植物可以作为园林绿化的先锋植物进行轻盐碱地的配植，如耐盐绿肥植物紫穗槐、田菁、草木樨、红柳、枸杞、沙棘等，经过一定的生长周期后可通过翻压来增加土壤有机质的含量，改善土体的物理结构。

第四步：滨海盐碱地宜采用以原生植被为主的模拟自然生态系统的绿地种植形式。在生态恢复趋于成熟的中、轻度盐碱地，使用达到种植土标准的客土换填区域，则可以引入更多的乡土植物及园林植物增强区域生态发展的可持续性。这将减少对客土的过度开采，对整个大区域内的生态环境具有相当重要的意义，并能够形成真正具有地域特色的园林景观。依据植物的生态习性进行模仿自然生物群落的复层种植为：阳性、中性、阴性树种与速生、中生、慢生树种相结合，形成自然更替的园林景观，利用植物自身的生长发育规律营造低养护、高生态效益的仿生群落，其适用于公共绿地、道路防护林等大面积绿化。

盐渍土生态恢复的各个步骤分开进行实践时都具有较强的可操作性与可预见效果。但要完成这些步骤之间的自然过渡则需要经历若干个植物生长周期，使得土壤逐步改善，以满足适合植物正常的生长发育需要。这个过程应与城市规划的竖向设计结合，能够在远期形成良好的城市绿地景观效果。

2.2.3 盐生植物应用评述

当前，盐生植物主要用于盐碱土裸露地面的覆盖，图 2-1 是在自然状态下盐生植物的生长状况。它们形成了盐地草甸的自然景观，并且大大减少了撂荒地的扬尘量。天津港在海岸线防护、吹填土裸露地面覆盖、碱渣回填地覆盖等方面开展了盐生植物的筛选试验，为盐生植物资源的合理应用提供了支持。

图 2-1 东疆港滨海重度盐碱土区的自然植被（碱蓬、盐地碱蓬）

盐碱地植被恢复的生态模式在实际工程建设中存在多方面的阻力，目前在实际的土地开发和建设中，人们仍旧多采用工程措施降低土壤的含盐量，进行一般意义上的绿化种植。笔者对滨海新区的绿化进行调查，在原为滨海盐土及重度盐碱的地域上有人工建设痕迹的绿地，呈现形式亦是一般绿地的模式。这种方法可以快速营造出城市绿化的基调，但会导致盐碱地本土绿化的特色不足(图 2-2，图 2-3)。在人工建设的绿地范围内，仅有柽柳、马蔺、狗尾草等少数几种盐生植物有应用，其他乡土的盐生植物不仅没有被作为园林植物应用到设计中，自然生长的植物种类还会被当作杂草拔除。在人工建成环境中，只有在疏于管理的绿地内，才能看到代表滨海特色的地被景观。

图 2-2　东疆港纪念公园(通过工程排盐、客土等方式，可以满足耐轻度盐碱以下植物的生长，紫叶李 + 拂子茅 + 麦冬)

滨海新区塘沽某校区和周边道路绿化(图 2-4)中人工配置的植物有国槐、绒毛白蜡、紫叶李、大叶黄杨、紫叶小檗、锦带花、五叶地锦等，在绿化的范围内，大量的野生植物自由生长，包括碱蓬、盐地碱蓬、地肤、马绊草、萹蓄、早生堇菜、葎草、藜、飞蓬、田璇花、马齿苋、鹅绒藤等种类形成了“地域特色”景观。

植被种植中，人工营造与植物自发生长之间形成竞争。通过图 2-4 中植物的种类及种植效果可以引发出如下的讨论和思考。

(1)征服与被征服。当前的工程技术手段，可以在重度盐碱区按照管理者及设计师的意愿营造“丰富”的景观类型。然而，一旦对其疏于管理，强势的自然力量会引导土壤的次生盐碱化，适宜的植物种类会重新占据应有的领域，呈现本来的景色。

图 2-3 东疆港人工沙滩入口的稀树草坪

图 2-4 道路绿地中的人工与自然

（2）哪一种是我们优选的方式呢？回答这个问题需要从绿地功能定位综合考虑。首先美化城市涉及管理者、设计者还有公众的美学偏好，千篇一律的配置模式是大多数人喜欢的吗？其次是我们对生态化与绿化概念的理解，“绿地即为生态”是人们一贯的理解，然而，从绿地营造的角度，营造绿地及后序养护管理引发的碳排放与绿地本身的固碳量相比，绿地是在固碳还是排碳？从绿地长期的维护考虑绿地的稳定性和群落的生态进程，一旦失去高强度的人工管理的维护，绿地必然会在自然做功的力量下，转向自然。

在当前的盐碱土绿地上，由于土壤条件恶化、苗木质量欠佳、管理不善等原因，经常会使种植的植物枯萎，尤其是灌木和草本地被的枯死，出现难看的裸地斑块，而在这些空地中自然生长出来的盐生植物覆盖了裸露的地面，也丰富了绿化的层次和绿量。然而根据当下的设计理念和管理措施，这些植物种类只能被当作“杂草”拔除。这种现象的出现，显示出特殊生境下人们园林绿地景观设计理念的欠缺和园林植物应用方式的单一。

大量工程改造下的绿化模式受到大量应用，分析原因，一是工程进度难以接受生态改良、自然做功模式下绿地达到理想群落状态的时间要求。二是设计者和管理者对以盐生植物为主的群落结构呈现出的景观特征不好把握，难以认可。三是盐生植物本身资源的开发需要有人从景观应用的角度对其进行系统评价，并做好充足的种苗供应。充分发挥盐生植物的作用，营造具有地域特色的滨海植物景观，需要解决两个方面的问题：一是做好盐生植物（耐盐植物）本身的观赏特性及生态习性评价，摸清构建的盐生植物群落的季相变化、种间关系及群落演替规律；二是了解管理者、民众及设计师的偏好，引导人们对“荒野”“动态景观”的认知，提高他们对植物景观营造过程的耐心和包容性。解决好以上两个问题，才能从真正意义上实现地域植物景观的营造。

2.3　草甸景观与盐碱地绿化

城市化进程减弱了人与自然的关系，也逐步改变了人对待自然环境的态度。从 20 世纪后半叶开始，公众及风景园林师对城市环境的态度发生了巨大改变，由对规则式景观的偏爱转向注重自然式的景观，景观设计师也开始在城市中设计“自然式”风格的作品。自然式绿地景观遵循生态原理，植物多样性丰富，可以为更多的动物提供栖息地，同时具有环境科普教育、丰富的动态景观表现等多重功能（Dunnett，2004）。

草本植物是实现自然式景观的重要元素，在丰富城市植物群落和景观多样性方面起着重要的作用。草本植物群落也具有重要的生态价值,自然条件下的植被恢复和群落演替多是以草本植物作为先锋开始的,进而随着环境条件的改善向更复杂的群落结构演替。"师法自然"是植物种植设计者应遵循的重要原则,如何学习自然条件下草本植物群落的结构和生长方式,将其运用于城市绿地草本植被的建植,从而发挥草本植被的景观价值和生态价值需要我们探讨。本书以典型草甸地被为例,结合英国谢菲尔德大学景观系James Hitchmough教授及其同事草本地被自然式种植设计方面的研究和应用实例,介绍草甸型地被植物的选择与组合、建植方式、养护管理、美学评价等方面的要求和特点,探讨利用耐盐草本植物营造盐碱地地域景观的模式。

2.3.1 草甸型地被

草地、草原、草甸等都可被用来描述自然条件下以草本植物为主的植被类型,但具体的含义有所不同。草地是一种土地资源类型,其上着生的植物不仅包括以草本植物为主的草原、草甸等群落,而且包括以木本植物为主的灌丛等群落。草原是指以旱生多年生草本植物占优势,在半干旱和半湿润气候条件下形成的地带性植被类型。草甸是在适中的水分条件下发育起来的以多年生中生草本植物为主体的植被类型,一般的草甸属于非地带性植被,可出现在不同植被带内。组成草甸植被的植物种类比较丰富,群落外貌青绿,有些类型在夏秋盛花时节则显得十分华丽。综上,可以这样理解:草地包含了各种类型的草原、草甸等植被类型;草原是具有地域特征的地带性植被类型;草甸作为非地带性植被,可以在任何条件适宜的地方形成并发展。

作为一种非地带型植被类型,草甸根据其生长地的土壤类型分为典型草甸地被、盐生草甸地被、旱生草甸地被、沼生草甸地被等。不同立地条件下的草甸在当地的生态系统中起着重要的作用,典型草甸的植物种类组成丰富,层次结构复杂,季相变化多样,尤其是开花盛期,五颜六色的花朵极为华丽绚烂,被称为"五花草甸",是很好的自然旅游地。生长在盐碱地、沼泽地及干旱等环境下的草本植物具有更高的生态价值,在适宜的外界干扰下,亦可以形成具有独特景观特质的植被。

草甸型地被是模拟自然草甸的特点,依据生境条件选择适合的植物种类并进行适当的配比,建植成的植物类型丰富、种间关系和谐的自然式草本地被,可以应用到不同生境条件的城市绿地中。

在建设生态园林绿地景观的进程中,设计者开始重视自然式草本地被的应用,突出表现为乡土植物的开发推广及野花组合的应用。用二月兰、车轴草等乡土植物代替以禾本科为主的规则式草坪，会降低建植和养护费用，增加生物及景观的多样性。引自欧美的野花组合由十几种一二年生和多年生野花种子混合而成，具有野生花卉的特性和一定的生物多样性，其所展现的五彩斑斓的色彩受到公众的认可和喜爱，也反映了人们对自然式景观的向往。野花组合营造的自然式植被景观，在形态和结构上类似典型的自然草甸。然而要实现不同生境条件下的草甸型地被，需要针对不同的立地条件，在植物选择、种间关系、群落演替趋势等方面做科学的动态研究。

2.3.2　草甸型地被的特点

1. 美学鉴赏

草甸所呈现的自然式景观为人们提供了更多接近自然的机会，从环境心理学的角度分析，“自然式”景观体现了一种人性化和美学的进步（Özgüner, et al., 2007）。有关公众对城市绿地空间态度的研究表明，有树木、复层植物群落和不经过修剪的自然草本层的偏野趣景观，要比传统的城市景观（包含单独的树木和修剪的草坪）更受欢迎（Burgess, et al., 1988）。自然式景观在实现植物种类多样性的同时，也利于动物（尤其是土壤动物）的多样性。图 2-5 为英国谢菲尔德市道路旁空地上的人工缀花草甸，由虞美人（*Papaver rhoeas*）、龙脑菊（*Chrysanthemum leucanthemum*）、南茼蒿（*Chrysanthemum segetum*）等组合，形成了绚丽的草甸景观。

组成草甸的植物种类决定了其美学价值，而植物的花在整个群落景观中发挥了重要的作用。研究发现，公众对草本植物景观的喜爱随着植物高度由 100 mm 到 600 mm 再到 1 200 mm 而迅速降低，但是，当有五颜六色的花加入这种景观时就大大消除了高度带来的负面影响，高的种类和低的种类一样受到欢迎（Dai, 2000）。在英国的私家花园或公园中，大众更注重植物的观赏价值，生态价值高但没有鲜艳花朵的芦苇等湿地植物一般不被接受（Barro and Bright, 1998）。

2. 空间结构特点

草甸型地被在空间和结构上模拟自然植被群落的特征，选用的各个种类按照一定比例混合后播种，种与种之间通过自然竞争形成稳定的种间关系，每个单种的分布没有明显的边界（Dunnett and Hitchmough, 2004）。

图 2-5 英国谢菲尔德市路旁的人工缀花草甸

草甸型地被在相对贫瘠的土壤中更能实现预期效果。贫瘠的土壤可以避免优势种过度繁衍，更容易实现物种多样性，形成多种植物共存的、稳定的、有一定特征的景观；而在湿润肥沃的土壤上，生长旺盛的单个种类聚集规模最大，形成明显的优势，抑制其他种类的扩展（Hitchmough，et al.，2004）。在具有肥沃表层土的立地条件下建植草甸地被时，可以将表层土移走，作为客土资源供其他地点使用。相对贫瘠的下层土为种类丰富的草甸植被提供了有利的生长条件，而且下层土杂草的种子或其他植物繁殖体少，可大大减少建植和后期管理的投入（Hitchmough，et al.，2008）。

草甸型地被景观中不同花期种类的合理组合可以实现多季节观赏的动态景观。单一种类草本植被种植时，植物在开花后会显得杂乱，而在草甸组合中，花随着植物层高的增加而陆续开放，早花种类开花后会被相邻花期的其他种类遮盖，处于上层的高秆种类往往是在夏末或者秋季开花。这种群落结构的空间分布允许更多的种类和谐地共居于同一片场地。

2.3.3　草甸型地被的建植

1. 种类的选择与组合

草甸型地被是形似自然、管理简单、后期投入少的景观形式，但其建植过程并非简单的草种混合。首先选择的种类必须符合场地的生态条件，如土壤理化性质、温度、光照等。选用的种类要求为多年生或可以自播繁衍、观赏期（包括花期和绿期）长的品种。一个理想的组合所包括的植物种类的花期涵盖春、夏、秋 3 季，并且花期越晚，植物株高越高，因此，春季开花的种类株高最低，秋季开花的种类处于最上层，这样可以实现观赏期的延续及空间上生态位的合理分配。植物种类丰富，种间竞争稳定，观赏价值高并富有季节变化的种类组合是植物选择的目标。从数量配比上讲，春季开花、株高矮的种类比例高，则可以迅速覆盖地面。另外长势旺盛、竞争力最强的种类需保持低密度。

生境条件是种类选择的最大限制因素，不同植物具有特定的生态习性，并与环境的关系处于一种动态的变化中。Grime 的植物对策理论（CSR 理论）解释了植物种间及植物与环境的互作关系，认为限制植物生长的胁迫作用及破坏已有生物量的干扰作用是影响植物生长和繁殖的两个环境因素。结合植物间的竞争，Grime 的 CSR 理论（竞争—胁迫—干扰）将植物按照生态策略分为竞争型植物、耐胁迫植物和杂草型植物 3 类。英国自然环境研究委员比较植物生态组利用 25 年的时间对英国常见植物的生态策略进行了研究，Grime 等编写的近 300 种植物的标准个体生态学账户中列出了每个种类的生态幅及其适应对策，为依据生境条件和种间关系预测进行草甸地被建植的植物种类选择和配比奠定了基础（Grime，et al.，1989）。

选择种类时还要处理好乡土植物和外来物种的关系，过度强调乡土植物或者过多地运用外来物种都不能满足生态和观赏的需要。乡土植物适应当地的环境，但经过人类改造的城市原有的生境发生了改变，适当地增加能够适应城市特殊环境、景观效果好的外来物种可以丰富物种和景观多样性，但要注意应用外来物种时做好其在新的环境下入侵行为的论证。

2. 建植与养护管理

播种是建植草甸型地被的主要途径。播种时要通过控制不同种类种子的混合比例来实现设计目标；播种种植适用于大面积的区域，形成的植株密度高（30~200 株 /m^2）；组成种类的均匀混合可使每平方米地面获得较长的花期，为该区域发展成半自然群落提供条件。

用播种的方式进行草甸型地被的建植存在一定的局限性，如在种子萌发时需要保证必要的灌溉条件，播种的当年景观不一定能达到预期效果，场地土壤中要避免有过多的杂草繁殖体等。在必要的时候结合移栽种苗的方式，可以更好地实现预期目标。

草甸型地被中种间关系密切，每种植物由其他 3~4 个种包围，某个种的死亡亦不会造成明显的空斑，更适宜粗放的管理。自然条件下草甸的更新是通过人工收割、放牧或者火烧（包括人为的撂荒）的方式实现，人工创造的观赏草甸模拟自然的更新措施，通过平茬或者控制性的火烧来实现自身更新。平茬的地上部分含有大量的繁殖体，可以作为另外空地的种源。在严禁用火的地方，要避免使用火烧的方式对其进行更新。

2.3.4　草甸型地被景观案例

下面介绍播种建植普列利草甸型地被。

模拟北美干旱稀树草原草甸结构设计的普列利草甸型地被，由 Hitchmough 教授设计并指导施工，2008 年 1 月建植于英国园艺学会 Wisely 皇家植物园，旨在形成一种花期长、结构复杂、后期投入少、管理简单的景观模式（图 2-6~ 图 2-8）。

图 2-6　普列利草甸型地被，播种 6 个月后，耐阴的矮生地被覆盖了地面

图 2-7　普列利草甸型地被，第 2 年春夏时节，中间开花层展示绚丽的景色

图 2-8　普列利草甸型地被，第 2 年夏秋，最上层的种类进入花期，这些种类在组合中的数量比例较低，给下层种类种子成熟提供足够的光照

本项目选用 25 种植物进行组合，花期涵盖春、夏、秋 3 季，其中大部分植物是处于底层耐阴的矮生类型，可以覆盖地面，如 *Asclepias tuberose*（马利筋）、*Dracocephalum rupestre*（毛建草）、*Oenothera macrocarpa*（大果月见草）、*Oenothera tetragona*（四棱月见草）、*Penstemon cobaea*（考氏钓钟柳）、*Penstemon barbatus*（红花钓钟柳）、*Phlox pilosa*（福禄考属）等；其次是花期较晚，形态特征为具基生叶和高挺花茎的中层类型，如 *Dianthus carthusianorum*（石竹属）、*Echinacea pallida*（紫松果菊属）、*Echinacea paradoxa*（紫松果菊属）、*Eryngium yuccifolium*（刺芹属）等。花期更晚的高秆植物上层类型比例最低，如 *Baptisia australis* var. minor（赝靛属）、*Baptisia leucophaea*（赝靛属）、*Silphium laciniatum*（松香草属）、*Silphium terebinthinaceum*（松香草属）等。

种植时，清除场地的杂草种子，平整土壤，将种子与 2 倍的锯末混合后均匀撒播，上面覆盖 50~75 mm 厚的粗砂，作用是保持土壤的湿度，抑制杂草种子的出现，长期控制蛞蝓和蜗牛对种苗的破坏等（Hitchmough and Fleur，2004），用滚水车碾压后覆盖可降解的黄麻编织网。播种后最重要的管理是适时浇水，保持覆盖物湿润，以达到好的出苗率。不同种子的发芽时间不同，所以必须尽力告知人们将要发生什么，耐心等待动态景观的出现。人们对植物生长变化的期望值一般很低，往往会对景观的变化速度感到惊讶。

后期管理主要是清除入侵的杂草；检测每种播种植物的植株数，最好拔掉超过组合配比数量的植株，尤其是个体大的种类；同时可以补植难出苗或出苗失败的种类。种植的组合中植物的花期不同，实现了多季节动态的景观，植物间的相互遮盖减少了人们对残花、残株的清理工作。

2.3.5 草甸景观与盐碱地绿化

草甸是一种动态的景观，受外力的影响较大，在适当的保护和引导下会趋于稳定，而自然条件恶化、人为破坏等会使其荒漠化、盐碱化。草甸在整个自然生态系统中起着重要的作用。师法自然建植的草甸型地被，在人为的合理有效的管理下可在展现动态景观的同时发挥生态作用。

草本植物类型丰富，很多可以适应极端的环境，通过选择适当的植物来建立草甸景观，如利用盐生植物及耐盐草本植物配置盐生观赏草甸，可进行盐碱地绿化和改良，也可选用耐干旱瘠薄的种类配置出能在城市建筑垃圾场、干旱荒地等生境条件恶劣的地方生长的草甸组合。在实现快速植被覆盖的同时，草甸还可以促进土壤条件的改良和生态的恢复。适应其他极端自然条件的草甸地被，如湿地草甸（模拟沼泽草甸）、盐生草甸、旱生草甸等，在色彩度和丰富度上不如典型的草甸型地被，在应用中要更加注重植被类型的稳定和长期生态环境的改善。

加强盐生植物的观赏应用是一种投入少、见效快的景观设计途径。目前盐生观赏植物资源受到了广泛重视，但缺少一种适合的植物配置方式，将形态特征“杂乱”的盐生植物融入城市的绿化中。建立一种既能够发挥盐生植物的价值，又能满足人们对绿地景观需求的植物配置模式是亟须解决的问题。我们应当模拟自然界五花草甸的景观效果，充分挖掘乡土地被的资源，营造动态、富有野趣并有序的自然景观；同样，应挖掘盐生植物和耐盐地被的景观价值，研究盐生草甸的营建策略，为仍处于荒野之中的盐生植物寻找到能让更多人接受的应用方式。

公众对城市植物景观的审美及认知偏好对植物的选择及配置方法，甚至地域特色植物的营造具有重要的意义。人们对自然的理解改变了景观设计的手法，进而形成“规则式”和“自然式”两种对立的设计和管理理念。19 世纪至 20 世纪工业革命的发展使人们远离自然，从 20 世纪后半叶开始，公众及景观设计师对城市环境的态度发生了巨大改变，在环境运动的影响下，人们对自然有了新的认识，将通过创造更加自然式的景观作为保护自然环境的新途径。

环境心理学家也开始研究接近自然对人类健康的好处，“自然式”景观体现了一种人性化和美学的进步（Özgüner and Kendle，2006）。公共绿地空间中自然生态型的植物配置逐渐受到重视（Dunnett and Hitchmough，2004）。自然式景观中植物间的互作及复杂的群落形成了动态的格局，并可以为野生生物提供更多的空间，被认为是更加生态型的设计，在生态设计和新型城市的建设中广为应用。随着外来物种的大量应用，公园里的软体动物及以此为食的小动物变得异常丰富，花园里种植大量不同种类的植物，对人和生物多样性都是有益的。

公众对自然式景观的看法同专家不同。有些研究表明，人们欣赏自然式配置表现的多样性，但同时希望看到管理的痕迹（Özgüner and Kendle，2006）。人们容易把展示多样性的景观同凌乱、杂草丛生、不整洁联系在一起。在城市中，设计自然式的植被必须遵循公众理解和赞同的美学原理，生物多样性和人文精神不是对立的两面，这个观点对 21 世纪人口日益增长的大城市非常重要。

随着人们对社会发展及环境问题的关注，绿地景观的生态价值、绿地建设及管理的投入等问题也成为人们关注城市绿地系统建设的一部分。对英格兰北部道路绿地的观赏性评估结果表明，83% 的被调查者认为道路绿地的质量是影响道路环境的重要方面，希望建立植被类型复杂的景观模式，但是他们不支持为提升道路绿地的观赏性进行过高的投入，而提倡低成本的植被恢复和管理技术(Akbar，et al.，2003)。

我国在公众偏好及评价领域的研究逐渐增加，从视觉评价、生理心理感知评价等多角度开展研究，研究方法也不断拓展，研究者通过调查问卷、行为观察、生理指标检测等方法，获取被试者的评价与偏好。伴随信息技术的发展，网络给公众提供了自由发表评价的平台，也成为研究者获取数据的重要来源。在此背景下，公众评价将会对最终景观效果的呈现发挥更重要的作用。

参考文献

[1] AHMAD R, CHANG M H. Salinity control and environmental protection through halophytes[J]. Journal of Drainage and Water Management, 2002,6(2):17–25.

[2] AKBAR K F, HALE W H G, HEADLEY A D. Assessment of scenic beauty of the roadside vegetation in northern[J]. Landscape and Urban Planning, 2003,63(3):139–144.

[3] BARRET–LENNARD E G. Restoration of saline land through revegetation[J]. Agricultural Water Management, 2002,53(1–3):213–226.

[4] BARRO S C, BRIGHT A D. Public views on ecological restoration[J]. Restoration and Management Notes , 1998, 16 (1): 59, 65.

[5] BURGESS J, HARRISON C M, LIMB M. People, parks and the urban green: a study of popular meanings and values for open spaces in the city[J]. Urban Study,1988, 25:455 - 473.

[6] DAI L. Public perception of naturalistic herbaceous vegetation in urban landscape and key factors that determine response[D].Sheffield City: University of Sheffield, 2000.

[7] DUNNETT N, HITCHMOUGH J D. The dynamic landscape: design, ecology and management of naturalistic urban planting[M]. London: Spon Press, 2004.

[8] GRIME J P, HODGSON J G, HUNT R. Comparative plant ecology, a functional approach to common British species[M]. London: Unwin Hyman Ltd. 1989.

[9] HITCHMOUGH J D, FLEUR M. Establishing North American prairie vegetation in urban parks in northern England: Effect of management and soil type on long-term community development[J]. Landscape and Urban Planning, 2006, 78(4): 386–397.

[10] HITCHMOUGH J D. New approaches to ecologically based, designed urban plant communities in Britain: do these have any relevance in the United States? [J]. Cities and the Environment, 2008, 1(2): 10, 15.

[11] HITCHMOUGH J D, FLEUR M, FINDLAY C. Establishing North American Prairie vegetation in urban parks in northern England: 1. Effect of sowing season, sowing rate and soil type [J]. Landscape and Urban Planning, 2004,66(2):75–90.

[12] ÖZGÜNER H, KENDLE A D, BISGROVE R J. Attitudes of landscape professionals towards naturalistic versus formal urban landscapes in the UK [J]. Landscape and Urban Planning, 2007, 81(1–2): 34–45.

[13] ÖZGÜNER H, KENDLE A D. Public attitudes towards naturalistic versus designed landscapes in the city of Sheffield (UK)[J]. Landscape and Urban Planning,2006,74(2):139–157.

[14] 杜占池，樊江文，钟华平. 草原、草地与牧地辨析 [J]. 草业与畜牧,2009,164(7)：1–7，31.

[15] 高杰，碱渣回填地植被覆盖试验研究 [D]. 天津: 天津城建大学，2019.

[16] 姜世平. 天津园林树木 [M]. 天津：天津科学技术出版社，2014.

[17] 刘家宜. 天津植物志 [M]. 天津：天津科学技术出版社,2003.

[18] 刘立民. 天津港适种绿化植物筛选与应用研究 [D]. 天津: 天津大学,2010.

[19] 罗开喜. 天津常绿园林植物选择与应用研究 [D]. 天津: 天津大学,2011.

[20] 申晨. 天津开发区西区绿地系统景观优化的基础研究 [D]. 天津: 天津大学，2012.

[21] 王伯荪，彭少麟. 植被生态学：群落与生态系统 [M]. 北京：中国环境科学出版社，1997.

[22] 王春沐，王香春. 野花美景动人心：野花组合在园林上的应用 [J]. 中国花卉盆景，2003(8)：6–7.

[23] 吴征镒. 中国植被 [M]. 北京:科学出版社,1980.

[24] 郗金标, 张福锁, 陈阳, 等. 盐生植物根冠区土壤盐分变化的初步研究 [J]. 应用生态学报,2004,15(1):53–58.

[25] 徐永荣, 冯宗炜, 张万钧, 等. 天津滨海生态防护圈植物群落盐分积累与分配规律研究 [J]. 中国生态农业学报,2004,12(1):77–79.

[26] 张秦英, 詹姆斯•希契莫夫. 生态与自然之美——草甸型地被的应用 [J]. 中国园林,2012(8):5–8.

[27] 赵可夫, 李法曾. 中国盐生植物 [M]. 北京: 科学出版社,1999.

[28] 天津市北方园林生态科学技术研究所. 天津市园林绿化技术 [M]. 天津:天津科学技术出版社,2009.

第 3 章　绿地功能与环境因子：以植物降噪为例

目前，我们所处的生态环境不断恶化，尤其是城市生态系统脆弱、生态问题突出的现象日益严重。城市生态环境最突出的特征是环境条件问题，如大气污染、城市热岛效应、水污染、水资源短缺、土壤贫瘠与污染以及光环境、声环境恶化等。面对城市建成环境的种种问题，各个行业都在寻找解决的方法和突破点。代表着生态与绿色的植物担负着解决环境问题的重担。

城市绿地承载了多种功能，如环境因子调控、促进人的身心健康与愉悦等。植物本身具有多种生态功能，如固碳释氧、净化空气、防风固土、涵养水源、降低噪声、营造舒适的小环境等。如何在问题突出的城市环境中更好地发挥植物的生态与景观功能，是园林植物应用研究的重点。固碳是植物最基本的功能，针对植物固碳的研究，在宏观尺度上，人们利用遥感卫星图测算不同类型绿地的整体固碳效益；在微观尺度上，人们研究不同群落模式及不同种类植物的固碳能力，用于评价绿地的固碳效益，营造固碳能力强的绿地。植物对大气污染的净化途径可以分为直接和间接两种途径。概括起来，直接的途径就是植物通过表面滞尘、有毒气体吸收、分泌杀菌剂等自身的新陈代谢达到净化空气的效果；间接的途径为人们种植植物以影响空气的流通，如改变小气候环境，尤其是改变温度，从而形成空气的对流。不同的植物种植方式可以达到促进或者抑制空气流动的效果，对调节空气质量会产生更大的效果（Peter，et al.，2013）。人们对绿地（植物）功能的研究从直接测定到模型模拟，引入多学科研究方法，拓展了绿地功能研究的视角和结论。研究成果的不断深化将逐步加深人们对绿地的了解，更有利于人们科学地开展规划设计工作。

噪声是城市环境的主要污染物之一，而交通噪声是城市噪声的主要因素，影响了人们享受安静环境的心情，干扰了城市居民的生活、工作，严重时会造成人的听力损伤，甚至引起心血管系统、神经系统、消化系统等方面的疾病。噪声污染的防治一直是声学研究的重点，绿色植物的降噪功能很早就引起了人们的重视。最早的关于植物对声音影响的报道见于《植物降噪效应的研究》(Eyring，1946)，之后从 20 世纪 70 年代至今的 40 多年中，植物对噪声的影响一直是降噪研究的热点之一。

3.1 绿地植物降噪功能研究进展

3.1.1 相关概念

声波是机械振动在弹性媒介中的传播，其媒介可为固体，也可为气体或液体。能使人的耳朵和大脑引起听觉的频率范围被称为可闻频率范围，即 20~20 000 Hz，频率若是低于这个频率范围则是次声波，频率若是高于这个范围则是超声波。

噪声是一种主观的评价标准，所有影响他人生活、工作、使人感到不舒服的声音都可以被称为噪声。从物理的角度来讲，发声体或者声源做无规则振动时发出的声音就是噪声，其是一种由声音能量产生的污染。从心理学的角度来讲，不被需要的和有害的声音都被称为噪声。噪声污染会严重影响和干扰人们的日常生活，并且还会影响人们的工作与学习。

描述声波特征的物理量为波长、频率、声速、声压、频谱、频程，一般采用声压和频谱两个指标。声波在传播途径上遇到障碍物时会产生折射、反射、透射和衍射，会引发声音物理特征的改变，如声压级的改变、频谱分布的改变等。这就使得不同的媒介或者阻碍物产生的降噪效果有很大差异。植物的种类和配置方法不同，引起的声音衰减的程度有很大差异。

3.1.2 植物对声压变化的影响

植物的叶片密度和大小、植物种植带的宽度和高度、种植密度等与噪声衰减作用有很大的相关性，Aylor 比较声音通过玉米地、芹叶钩吻种植园、松树、硬木林及水面上密集的芦苇后的变化，发现高的叶面密度、宽而厚的叶片对噪声衰减作用最大，同时认为可见度并不是衡量植物降噪能力的主要标准(Aylor D.，1972a，1972b)。Fang 等通过研究 35 种树木带对声音的衰减，用多元线性回归分析得出植被的可见度和宽度是降噪的主要影响因素，而叶片大小的影响却非常小(Fang C. and Ling D.，2003)。Pal 等通过对 12 个种植带的研究发现，平均密度和树高对降噪影响很小，植物过高甚至会起到负面作用，因为其增加了声音向下扩散的区域，垂直和水平的郁闭度则是主要影响因素(Pal, et al., 2000)。通过时域有限差分(FDTD)计算，研究人员评估交通噪声通过植被带时的衰减作用，认为干径和种植间距的降噪作用显著(Renterghem, et al., 2012)。

20 世纪 90 年代，声子晶体概念的提出证明周期性排列的散射体能将一定频率的声波禁锢其中，形成"声学禁带"(Martínez–Sala R, et al., 1995)。有学者利用声子晶体的原理进行植物降噪实验，将植物材料作为声子晶体研究中的散射体，研究不同类型的植物材料、不同的排列形式对噪声衰减的作用，结果表明周期性排列植物材料的方式能用比传统绿带更少的宽度实现更多的声衰减量(Martínez–Sala R,2006, Gupta A.,2010)。

张庆费对上海植物园内 19 类绿地群落进行研究，发现叶面积指数、群落平均枝下高、平均高度、盖度和平均冠幅对噪声的衰减相关性较大，在设计中应重点考虑(张庆费, 2007)。张明丽等选取上海市区 23 个有代表性的城市植物群落进行减噪效益的测定，结果表明植物群落对噪声的减弱效果和群落的结构组成有关，针叶树林和常绿阔叶树林的减噪效果最好(张明丽,2006)。

3.1.3　植物对声音频谱变化的影响

植物对不同音频的作用效果不同，多数研究者认为植物对声音的作用只表现在高频阶段，对于频率低于 1 kHz 的声音，植物可被视为是透明的(Bullen and Fricke, 1982)。通过 3 个植物隔离带对噪声的衰减实验，人们发现随着音频的增加，噪声衰减程度增加，其中植物隔离带对 3.15 kHz 的声音衰减有显著的作用(Tyagi, et al., 2006)。植物对声音的衰减作用在中频阶段(250~1 000 Hz)主要靠植物枝叶的反射和散射作用，在高频阶段(2~8 kHz)主要靠树叶和树干的吸收作用，低频范围内的声能则通过土壤的吸收和地被植物的反射而衰减(Aylor,1972, Fricke, 1984)。

不同的植物种类对不同频谱噪声的衰减作用不同。植物降噪的能力与叶片形态、叶片质地及其他形态和生理特征有直接关系，每种植物有特定的衰减谱段，通过比较 6 种常绿植物红叶石楠(*Photinia fraseri*)、石楠(*Photinia serrulata*)、夹竹桃(*Nerium indicum*)、四季竹(*Oligostachyum lubricum*)、雪松(*Cedrus deodara*)、珊瑚树(*Viburnum odoratissimum*)对噪声衰减的作用，发现植物的形态学和生理学特征(常绿、阔叶)对噪声的衰减影响，尤其是对中高频的噪声有不同的影响(Yang, et al., 2010)。通过比较重庆 3 种常绿植物对交通噪声的衰减效果，发现叶片形态对噪声的插入损失峰值所处频段不同，针叶树(雪松)

对低频噪声、阔叶树（石楠）对高频噪声、中等叶子类（小叶石楠）植物对中频噪声有很好的衰减效果（明雷，2012）。杭州常见绿化植物降噪功能实验结果表明，阔叶树在 250 Hz 的低频段降噪能力不明显，在高频段的降噪能力显著提高，在 250~2 000 Hz 的中频段，植物的降噪能力因其形态不同而出现变化，而针叶树的表现与阔叶树相反（刘佳妮，2007）。比较公路两侧落叶植物和常绿植物林带夏、冬季交通噪声的衰减频谱，结果发现，植物内部的结构特征与特定频率段的噪声衰减量有一定的关系，500 Hz 以下的低频段林带噪声衰减量主要与植物茎的构造及数量有关，500~2 000 Hz 频段林带噪声衰减量主要与叶片结构及数量有关，2 kHz 以上高频段林带噪声衰减量与树高度及树外部形态有关（袁玲，2008）。

目前针对植物降噪功能的研究多表明植物对高频噪声作用显著。而城市中的主要噪声源为交通声，其连续等效声级以中频噪声为主（邵钢等，2009）。研究发现，在相同 A 计权声压级下，低频噪声引起的人的主观烦恼度更高（黄逸凡等，2006）。所以针对中低频谱噪声开展植物种类及群落配置方式的研究，能更好地发挥植物在城市空间的降噪功能。植物种类对不同频率的噪声表现出不同的衰减能力，研究常用的绿化植物针对中低频噪声的衰减特点是进行降噪型绿地配置的基础。绿地植物降噪效应同地域的气候环境有着紧密的关系。国内相关研究多是在杭州、上海、重庆等南部城市开展的，缺少针对华北地区气候环境的深入研究报道。故本研究以天津地区常用的绿化植物及群落配置方式为对象开展相关研究，可以充实我国植物降噪的研究成果。

3.2 植物群落降噪效应试验研究

本研究的目标是了解不同植物群落的结构特征对交通噪声的衰减效果，采用实际的交通噪声和真实的绿地进行测定。为了避免噪声通过绿地后受到屏障的干扰，实验尽可能模拟自由声场的环境，选择绿地后侧为空旷地的绿化段进行实验。通过对天津市主要道路绿地进行考察，研究选定了天津市天津大道、水上公园及中环沿线的部分带状绿地，全面调查样地的地形特征、树种组成、结构特征等，实测绿带两侧噪声声压级和频谱，即噪声声源和防护带衰减后的强度和特点，统计分析植物群落组成结构与噪声衰减效果的关系。本研究共选择了 25 个不同植物组合的群落，在植物枝叶繁茂期和落叶期分别进行实验。根据植物种类对不同频率噪声的衰减特点，分析群落组成、结构与噪声衰减作用的关系，用于指导降噪型景观防护带的植物选择和配置设计方式。下面以天津大道实验段为例，介绍具体的研究方法和结果。

3.2.1　材料与方法

研究选择天津大道路旁绿地，为了避免噪声通过绿地后受到屏障的干扰，尽可能模拟自由声场的环境，选择绿地后侧为空旷地的绿化段进行实验。研究人员根据绿地配置结构的不同，选定 12 个样地开展实验。对绿化带配置模式的调查主要是以现场观察、测量记录、拍照等方式进行的，重点测量带状绿地的宽度、分层情况、垂直封闭度、配置模式、树种组成。垂直封闭度的计算方法是从绿地前观察绿地垂直方向的封闭程度。乔灌宽度为绿带内种植乔木及灌木的实际宽度。

在采集数据时，将样地临近路面边缘一侧定为 0 m 处，设置测点，测试角度向绿地内部垂直于外边缘的方向延伸，在绿地的另一侧边缘设置第 2 个测点（图 3–1）。观测点高度设置为 1.2 m。测定时必须选择湿度、温度、风速、风向等因素影响较小的时间段，风速为 5.5 m/s 以上时停止测量，以便最大限度地降低气象因子对噪声声波的传播与衰减的影响。3 月末与 4 月初采集冬季（枯叶期）的数据，8 月末与 9 月初采集夏季（茂叶期）的数据。

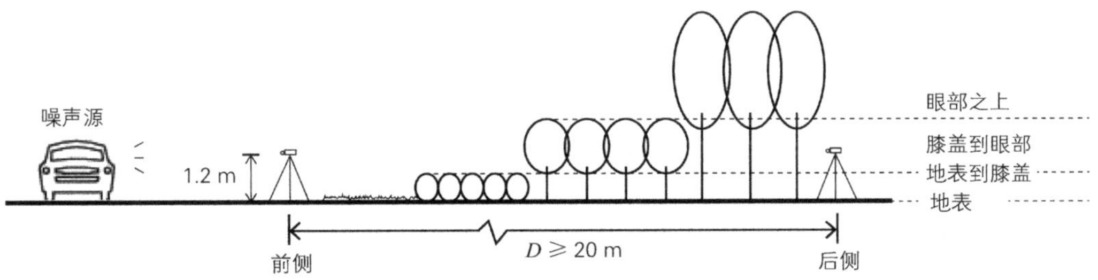

图 3–1　植物群落降噪实验模式图

使用 AWA6228 型多功能声级计（浙江爱华仪器有限公司生产）进行噪声数据的采集。将声级计的采样间隔设定为 0.1 s，每个测点连续测量数据 1 min，每个测点测量 3 次。噪声的衰减分布由距离和障碍物阻隔引起，此处分为距离衰减和绿地衰减。将交通噪声看成无限延伸的线声源，参照有关文献（杜振宇等，2007），距离衰减可按式（3–1）计算。

$$\Delta L=10\lg\frac{r_2}{r_1} \tag{3-1}$$

其中 r_1 为绿化带前缘距声源的距离；r_2 为绿化带后缘距声源的距离。本研究中 r_1 为车辆距离绿地边缘的距离，统一估算为 10 m。

3.2.2 结果与分析

3.2.2.1 绿地群落结构分析

天津大道路侧绿地植物以乡土植物为主，主要采用阶梯式的配置方式。调查样地的植物种类组成如下。乔木：油松、云杉、白蜡、杨树、青桐、国槐、刺槐、榆树、旱柳、桑、山楂、杏、复叶槭。灌木：忍冬、金叶女贞、帚桃、西府海棠、小龙柏、石榴、大叶黄杨、紫叶小檗、丁香。地被：草坪草、萱草。从种类组成看，此处以乡土植物为主，这为植物的旺盛生长提供了科学保障。

绿地的配置结构均采用靠近道路一侧为草坪草（少数样点种植景天等宿根草本），逐渐向外侧为低矮的灌木、小乔木及由低到高的乔木种类，总体呈现阶梯式种植模式。各样地中路旁草坪草的宽度不等，为了分析乔灌层及草坪对降噪的贡献率，故将乔、灌木的种植宽度作为一个调查因子。不同样点各个阶梯层次的宽度及高度也不相同，就形成了不同的乔灌层宽度、不同的层次，进而影响到垂直面的通透性。调查样地的结构特征具体见表 3-1。

表 3-1 绿地结构调查及对噪声衰减分析表

样地编号	植物组成	分层性	绿地宽度/m	乔灌宽度/m	垂直封闭度		噪声衰减值/dB		距离衰减/dB	绿地衰减值/dB		噪声衰减值/(dB/10 m)	
					夏	冬	夏	冬		夏	冬	夏	冬
1	白蜡、油松、草坪	上	23	17	0.85	0.80	12.5	11.8	3.6	8.9	8.2	3.9	3.6
2	杨树、青桐、忍冬、金叶女贞、草坪	上中下	23	21	0.90	0.35	14.8	11.3	3.6	11.2	7.7	4.9	3.3
3	杨树、青桐、忍冬、金叶女贞、八宝景天、草坪	上中下	22.5	12.5	0.91	0.29	13.8	10.8	3.5	10.3	7.3	4.6	3.2
4	杨树、国槐、帚桃、草坪	上中	23	19	0.77	0.17	15.1	13.9	3.6	11.5	10.3	5.0	4.5
5	白蜡、复叶槭、海棠、草坪	上中	32	23	0.68	0.17	19.2	16.8	5.1	14.1	11.7	4.4	3.7
6	白蜡、杏树、草坪	上中	17	13	0.79	0.16	14.1	10.7	2.3	11.8	8.4	6.9	4.9

续表

样地编号	植物组成	分层性	绿地宽度/m	乔灌宽度/m	垂直封闭度		噪声衰减值/dB		距离衰减/dB	绿地衰减值/dB		噪声衰减值/(dB/10 m)	
					夏	冬	夏	冬		夏	冬	夏	冬
7	刺槐、油松、小龙柏、萱草、草坪	上中下	24	17	0.93	0.86	17.2	11.2	3.8	13.4	7.4	5.6	3.1
8	刺槐、油松、石榴、草坪	上中	25	19	0.97	0.44	17.3	10.4	4.0	13.3	6.4	5.3	2.6
9	杨树、国槐、女贞、草坪	上下	20	17	0.73	0.10	14.8	11.7	3.0	11.8	8.7	5.9	4.3
10	杨树、榆树、山楂、大叶黄杨、草坪	上下	20	13	0.74	0.18	14.1	10.1	3.0	11.1	7.1	5.5	3.5
11	杨树、榆树、柳树、云杉、草坪	上中	20	15	0.87	0.33	15	14.4	3.0	12.0	11.4	6.0	5.7
12	国槐、龙桑、丁香、紫叶小檗、草坪	上中下	22	18	0.93	0.43	13.6	13	3.4	10.2	9.6	4.6	4.4

3.2.2.2　绿地结构与降噪能力关系分析

天津大道路旁绿地的宽度为 17 m 到 32 m 不等。为了保证绿地后为空旷场地，尽量模拟自由声场，把绿地后的测点均设置在绿地后缘。从噪声的声压级降低值来看，绿地宽度与噪声衰减值具有很高的相关性，故可以认为距离是声音衰减的最主要因素（图 3–2），这也是与大多数相关文献一致的结果。

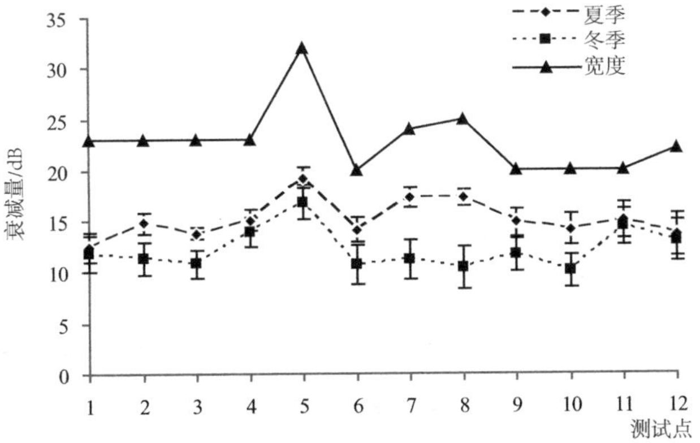

图 3–2　不同季节绿带宽度与噪声衰减的关系

夏季绿地衰减值与垂直郁闭度的变化趋势一致，其中样点 5 例外，因为距离的影响使得垂直郁闭度的影响度降低。冬季上述两者之间变化的一致性较差，可以认为冬季植物枝干的阻挡、衍射、折射等使得声音的传播路径变得复杂（图 3–3）。

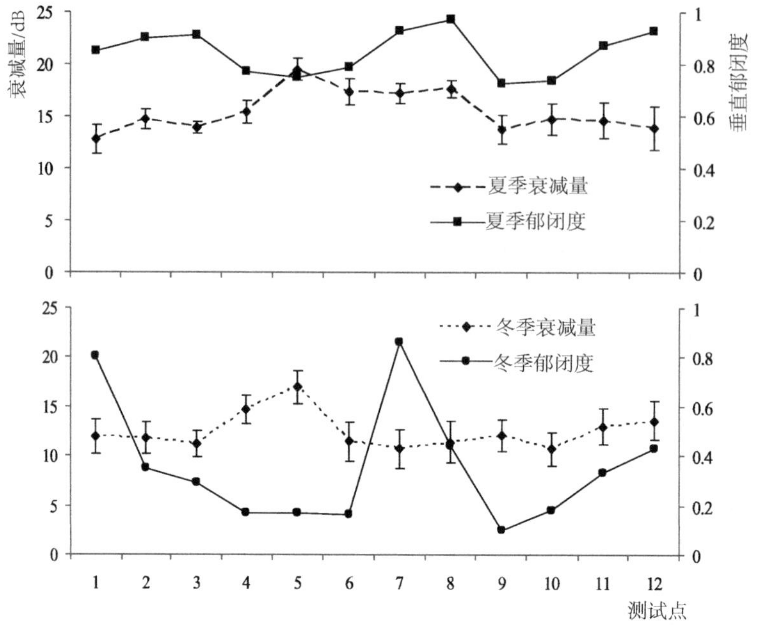

图 3-3 不同季节绿带垂直郁闭度与噪声衰减的关系

夏季绿地的噪声衰减值均高于冬季，枝叶的繁茂生长增加了绿地的降噪能力。然而夏季与冬季的噪声衰减值差值并不完全同垂直封闭度的变化呈相关性，这进一步说明声音在绿地中传播途径的复杂性。不同层次的封闭性、枝干的粗度及排布方式等都会影响到声音的衰减效果。这一结论可以与声子晶体概念相关联，即周期性排列的散射体能将一定频率的声波禁锢其中，形成“声学禁带”(Martínez Sala R，et al.，1995)。有学者利用声子晶体的原理进行植物降噪实验，将植物材料作为声子晶体研究中的散射体，研究不同类型的植物材料、不同的排列形式对噪声衰减的作用，结果表明，周期性排列植物材料的方式能用比传统绿带更少的宽度实现更多的声衰减量(Martínez Sala R，2006，Gupta A.，2010)。具体的树干排列方式对声音衰减的作用规律有待于进一步实验验证。

本研究进一步比较不同样点绿地对噪声衰减影响的差异。样点 2 号和 3 号的植物种类基本相同，3 号的乔灌层宽度小于 2 号，冬夏的降噪值均低于 2 号，说明乔灌层对于降噪的贡献值要高于草坪及宿根地被。7 号、8 号乔木层均为刺槐、油松，中层分别为小龙柏和石榴，由于小龙柏的分枝点低，其分层性 7 号为上中下，8 号为上下。两样点的噪声衰减值在夏季相差 0.1 dB，在冬季相差 0.8 dB。可以认为，常绿的小龙柏在冬季增加了降噪效果，而夏季小龙柏和石榴分枝点不同造成的分层性不同对降噪值没有大影响。样点 9 号、

10 号、11 号绿地宽度均为 20 m，故可以忽略距离的因素。几个样点的分层性和乔灌层的宽度不同，其中 9 号、10 号同为上下层，9 号乔灌层的宽度大于 10 号，冬季及夏季的绿地衰减值均大于 10 号。11 号为上中，乔灌层宽度处于 9 号和 10 号之间，但噪声的衰减值最高。可以认为中层植被对噪声的衰减作用更为有效，这与测点高度 1.2 m 正处于中层有直接的关系。综合以上几个样点的具体分析，可以得出以下结论：绿地宽带，尤其是乔灌层的宽度对噪声的衰减值影响最大。植物的分层性方面，上中下、上中的结构层次优于上下层次。

依据线声源计算公式，计算出绿地对噪声的衰减值及每 10 m 的噪声衰减值。可以看出，宽度为 20 m 左右的绿地，每 10 m 的噪声衰减值夏季为 3.9~6.9 dB，冬季为 2.6~5.7 dB。其中最高值 6.9 dB 为绿地宽度最窄的 6 号样点，可以认为，绿地越靠近声源的部分衰减效率越高，同等情况下，绿地越宽，单位距离的噪声衰减值越低，这与杜振宇等（2007）的研究结果相一致。

3.2.3　绿地结构与噪声频谱衰减的关系

本研究对声音频谱衰减的分析结果更加有趣。图 3-4 显示了 12 个地点在不同的 1/3 倍频程频率和等效声级（Laeq）在冬季和夏季的平均衰减。在冬季和夏季，不同频率的噪声都有相似的衰减趋势，在 630 Hz 时呈现峰值衰减的抛物线形。低于 630 Hz，噪声衰减随频率的增加而增大，在 630 Hz 以上，噪声衰减随频率的增加而减小，但这种关系的下降幅度更为平缓。 在 315~3 015 Hz 频率范围内，夏季噪声衰减幅度大于冬季，在 25~315 Hz 频率间隔下，冬季噪声衰减幅度大于夏季，3 015 Hz 以上衰减幅度相似。夏季频率间隔在 250~12 000 Hz 之间，冬季频率间隔在 200~12 000 Hz 之间的声压级降低值在 10~15 dB 之间。夏季在 500~1 600 kHz 的频率范围内，观测到相对较大的噪声衰减（>15 dB）。

据报道，在一些规律性树木配置的室外试验中，尤其是在低频（<500 Hz）下，所获得的声音衰减值远远高于典型的绿化带或森林（Martínez Sala R，2006 年）。本研究所选择的林带，大多数植物都是落叶树，在冬季树干和树枝起着主要的降噪作用，分析结果中低于 315 Hz 的频段，冬季噪声衰减的结果高于夏季，亦显示出声音通过林带，经过吸收、散射以及声波晶体的作用，使噪声传播更加复杂。冬季林带的降噪在 400 Hz 处有明显的谷值衰减，与 Tyagi（2006）的结果不一致，Tyagi 在 3 条植物带上进行了测试，在所有地点的

峰值衰减都在 400 Hz 左右。据报道，低频(250~500 Hz)声音被地面的吸收减弱，而地面效应可能被植物根系和落叶层增强(Huddart，1990)。在本研究中，冬季声波与裸土相互作用产生的地面效应可能是导致低频衰减的原因。

以往大多数研究中都使用了点状声源(Tyagi，et al.，Yang，et al.，2010)。Beranke 和 Vèr(1992)指出，点状声源的噪声衰减效果优于线状声源，而实际中，交通噪声声源呈线性分布，本研究以现场交通噪声为噪声源，更准确地评价了植物带的降噪能力。同时，本研究在 500~1 600 Hz 的中频处观测到衰减最大值。由于人耳对能听到的声音频率范围的中间位置最敏感，因此本研究的结果表明，合理的绿带结构配置是控制交通噪声的有效途径。不同季节绿地植物群落降噪频谱分析见图 3-4。

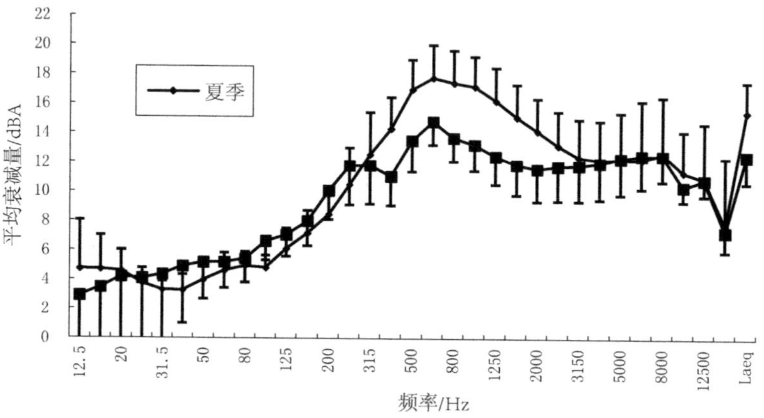

图 3-4 不同季节绿地植物群落降噪频谱分析

3.2.4 讨论

由于声音在传播过程中会受到衍射、折射、散射、吸收等各种因素的干扰，而绿地可以被看作质地和结构都非常复杂的屏障，故本研究通过测定不同树种及不同结构特征的绿地前后的噪声声压级，分析绿地结构特征对噪声衰减能力的影响，重点关注绿地及乔灌木宽度、分层性、垂直方向的封闭性等指标，对具体的树种没有做具体的分析。提升绿地的降噪能力是为了完善绿地的综合功能，故本研究的立足点是对现有绿地配置结构进行比较，而不对具体的树种种类进行比较，这样在绿地植物景观设计实践中可以更自由地选择种类，增加绿地的种类多样性。降噪与绿地结构要素的相关性分析也是本研究的目标之一，但由于实验样点较少，而影响声音衰减的因素多样而复杂，故此处不做具体分析，待进一步加大实验样点及重复次数后再作出评价。

不同的种类、配置方式如何影响到植物功能的发挥? 这是一个理想的命题。在进行研究的过程中,研究人员受到实验方法、环境干扰等因素的影响,很难得到特别明确的结论。在实验设计中,研究者最容易犯的错误是,自变量太多,最后的结论就会没有结果。尤其对于园林植物这一有生命的要素,植物本身的种类、年龄大小、因环境而生的生长势变化、随时间更替的时序变化等因素都会对研究产生干扰。以统计学结论为基础的研究,必须简化研究要素,排除干扰,才能取得明确的结果。在自然科学知识的背景下,研究者应强调统计学意义的差异或规律,在空间艺术训练下注重感性的认知。两者的互补会建立以缜密的研究为基础支撑的空间表达。然而实现这一目标是比较难的,对研究者本身的悟性、能力和精力都有极高的要求。

参考文献

[1] AYLOR D. Noise reduction by vegetation and ground[J]. Journal of the Acoustical Society of America, 1972(51):197 - 205.

[2] AYLOR D. Sound transmission through vegetation in relation to leaf area density, leaf width, and breadth of canopy[J]. Journal of the Acoustical Society of America,1972(51):411 - 414.

[3] BERANKE L L, VÈR I L.Noise and Vibration Control Engineering[M]. New York:Wiley/Interscience ,1992.

[4] BULLEN R, FRICKE F. Sound propagation through vegetation[J]. Journal of Sound and Vibration, 1982,80(1):11 - 23.

[5] EYRING C F.Jungle acoustics[J]. Journal of the Acoustical Society of America, 1946(18): 257 - 270.

[6] FANG C, LING D. Investigation of the noise reduction provided by tree belts[J]. Landscape and Urban Planning, 2003,63(4):187 - 195.

[7] FRICKE F. Sound attenuation in forests[J]. Journal of Sound and Vibration, 1984, 92(1):149 - 158.

[8] GUPTA A, CHEW C H, LIM K M. Effect of periodic structure on sound propaga-

tion[C]//Proc. SPIE 7522, Fourth International Conference on Experimental Mechanics. Int. Soc. Opt. Photonics, 2010, 7522, 29223.

[9] MARTÍNEZ SALA R,SANCHO J, SÁNCHEZ J V, et al. Sound attenuation by sculpture[J]. Nature,1995 (378): 241.

[10] MARTÍNEZ SALA R, RUBIO C, GARCÍA-RAFFI L M, et al. Control of noise by trees arranged like sonic crystals[J]. Journal of Sound and Vibration, 2006,291(1-2):100 - 106.

[11] PAL A K, KUMAR V, SAXENA N C. Noise attenuation by green belts [J]. Journal of Sound and Vibration, 2000,234(1):149 - 165.

[12] PETER E J, BINO M, JEAN V, et al. Improving local air quality in cities: To tree or not to tree? [J].Environmental Pollution,2013, 183:113 - 122.

[13] RENTERGHEM T V, BOTTELDOOREN D, VERHEYEN K. Road traffic noise shielding by vegetation belts of limited depth[J].Journal of Sound and Vibration,2012, 331(10): 2404 - 2425.

[14] TYAGI V, KUMAR K, JAIN V K. A study of the spectral characteristics of traffic noise attenuation by vegetation belts in Delhi[J]. Applied Acoustics, 2006 ,67(9): 926 - 935.

[15] YANG FAN, BAO ZHIYI, ZHU ZHUJUN, et al. The Investigation of noise attenuation by plants and the corresponding noise-reducing spectrum[J].Journal of Environmental Health, 2010,72(8):8 - 15.

[16] 杜振宇，邢尚军，宋玉民，等. 高速公路绿化带对交通噪声的衰减效果研究 [J]. 生态环境, 2007,16(1): 31 - 35.

[17] 黄逸凡, 翟国庆, 张邦俊. 不同频谱噪声在相同 A 计权声压级下的烦恼度研究 [C]// 中国声学学会，中国声学学会 2006 年全国声学学术会议论文集. 厦门：全国声学学术会议，2006.

[18] 刘佳妮. 植物降噪功能研究 [D]. 杭州: 浙江大学，2007.

[19] 明雷, 郑洁, 程浩, 等. 常青道路景观配置对交通噪声的衰减效果 [J]. 环境污染与防治,2012,34(1):15 - 18.

[20] 邵钢, 俞悟周. 道路交通噪声等效频率的研究 [Z]. 中国声学学会 2009 年青年学术会

议 [CYCA'09].
[21] 袁玲. 植物结构对交通噪声衰减频谱特性的影响 [J]. 噪声与振动控制,2008,28(5):154 - 156,167.
[22] 张明丽, 胡永红, 秦俊. 城市植物群落的减噪效果分析 [J]. 植物资源与环境学报,2006,15(2):25 - 28.
[23] 张庆费, 郑思俊, 夏檑, 等. 上海城市绿地植物群落降噪功能及其影响因子 [J]. 应用生态学报,2007,18(10):2295 - 2300.

第4章 绿地功能与环境感知：以公园声景观评价为例

在城市的各种环境问题中，声环境越来越受到重视，噪声问题一直是人们关注的重点。如何降低周围噪声的强度，减少其对人的干扰，是噪声控制的重要的课题。然而，在实际条件下，噪声是无法彻底消除的，且环境中还存在起正面或中性作用的声音。人们对声音的主观感受也受到心理状态、环境声音类型、声音强度、视觉和触觉等非声学要素的综合影响，需要更加综合地、多视角地看待环境中的声音事件。20 世纪 60 年代末，加拿大作曲家、音乐教育家莫雷·沙弗尔(Murray Schafer R.)首次提出了“声景观”的概念，主要研究人们对于声环境的感受以及声音如何影响人的主观感受(Schafer，1994)。当声压级低于一定数值时，人们的声舒适评价就不再取决于声压级，而是噪声类型、个人的特点以及其他因素起重要作用(Mafflolo，et.al.，1999)。同时，在无法降低环境噪声强度时，人们可以通过视觉及声景观要素的调节来降低主观烦恼度，提高对环境的整体满意度(马蕙，2012)。

4.1 声景观研究进展

4.1.1 声景观的概念

人们对环境声音的要求不仅仅表现在声压级的降低上(即一个完全安静的环境)，而且在不同的场所有着不同的声音期望。声景观研究关注人对声音的主观感受。声景观一词 soundscape 来源于景观 landscape，人们常常提及的景观 landscape 是指视觉的景观，依此类推，由声音 sound 和景观 scape 组合而成的词则是指听觉的景观，即声景观。声景观概念的提出一定程度上在景观设计中唤起了人们对听觉这一感官的关注。

随着声景观受到越来越多的关注，声音作为获取信息的辅助方式被赋予了更多的内容和意义，而声景观的研究范畴也从单纯地消除噪声转向研究整体环境中各个声源之间相互融合以及声音与人共存的关系。景观设计中，设计师会将声环境的构成要素如活动声、交通声、自然声经过多种设计手法营造舒适的听觉景观；声生态学作为环境科学开创了研究的新领域；社会性、历史性内容的加入，促进了环境心理学、景观评价学等新型研究学科的兴起。

尽管声景观的概念已经被提出几十年，引起了很多国家和学者的关注，人们也投入了大量的精力研究，但直至今日，声景观的研究范畴仍没有得到统一(Kang Jian， et al.， 2010)。多数研究将声景观的三要素界定为声音、听者、环境，三要素相辅相成。声景观研究的内容之一就是通过改善听觉元素从而提高整体环境的舒适度。声景观不是简单地将声音的元素罗列到视觉景观中，而是要通过一定的设计手段，将声音元素和视觉元素融合，营造和谐的场所感，给使用者带来舒适的环境体验。

人们在倾听声音的时候，不是闭着眼睛单纯地接受声音中传递的信息，在听者与声音的关系中，不是只有这两者的存在，还有大环境中视觉美景的参与。声景观是一个多方面、多内容合作的结果(Hunter， 2010)。因此，声景观在寻找听者与声音的关系的同时也不能忽视大环境的影响。大环境不同，听者对声音的感受也完全不同，如在城市综合性公园中，看到广场上翩翩起舞的人们，你可能会随着强烈的音乐节奏一起摇摆，但是如果这样热闹的声音出现在树林、学校中，很可能会引起人们的反感，所以，在声景观研究中对大环境的关注也是至关重要的。

与传统的建筑声学不同，声景观研究范畴中的声音与环境涉及更多视觉景观、文化特性以及审美要求(李国棋， 2004)。这不是降低环境中的噪声污染、保持绝对安静的课题，声景观的一个重要的研究范畴便是从人文角度研究环境中的声音，对具有历史内涵和地域特色的文化之音予以保护。与此同时，将虫鸣鸟叫等自然之音引入声环境也是改善声景观的有效方法(秦佑国，2005)。

4.1.2　绿地声景观研究

声景观是对传统视觉景观设计模式的补充和完善。声景观更加强调声环境如何被人所感知，关注人对声景观的感受以及声音与环境、与人的相互关系。在声景观研究中需综合考虑声景学研究的三要素，即声音、环境和人(秦佑国，2005)，才能作出客观评价和合理设计。人们对声音的感觉是和视觉感受相互影响并综合产生声景观的偏好的(Carlesa， et al.， 1992)。声景观思想的提出和发展为景观设计带来新的理念和切入点，设计者把声音作为景观的一个有机组成部分来进行积极主动的设计，在景观设计中可以带来新的设计途径和考虑方法（葛坚，2003）。

与城市公园相关的声景观研究多是从心理模式和视听交感作用的角度进行分析。通过对居住区声景的研究发现，居住区园林给人的良好的视觉、嗅觉等非声学因素以及蝉噪鸟鸣等自然声景，均对降低环境噪声有积极作用（袁晓梅，2010）。对森林声景观与视觉景观的耦合关系研究发现，在有视觉景观的刺激下，声景的得分明显高于无视觉情景下的得分。视觉景观与听觉景观是互相作用的，在进行景观设计时，需要综合考虑视觉景观和听觉景观的作用（邓金平，2011）。从环境、声音、人三者的关系角度分析杭州新湖滨公园的声景观，说明了设计时要协调好声、景、人三要素之间的关系，合理的景观设计可以扬长避短，促进良好声环境基础的营造。

绿地质量对声环境有较大的影响。结合环境心理学、生态学和声学的方法，通过多学科的交叉研究，研究结果发现绿地的生态质量同声音的强弱、类型及人们的喜好有直接关系，可以通过有目的的规划设计提高城市绿地的生态质量，为人们提供接近自然安静的场所（Irvine，et al. 2009）。

中国古典园林设计有对声景的独特运用，将声音美自觉融入景观营造过程，并将其同哲学原则、艺术手法以及人的主观感受糅合为一，并最终成就情景交融、物我同一的声音意境，其核心不在声音的物理数量控制，而在如何透过声音表达心灵内容，从而实现园林环境对人生命的颐养（袁晓梅，2009）。要领悟园林中美妙的声境，游赏者除需具备身心感觉的必要条件、一定的艺术修养、一定的生活实践经验和能进行必要的联想与想象外，还必须具有闲、静、清、和的心境。古典园林中声景意境的设计手法可以为现在声景观营造所借鉴，设计师也需根据园林的特点及使用者的变化，研究适合当下时代特点的声景营造方式。

我国针对城市公共空间，如公园、居住区等声景观要素研究已有了一定成果，但从植物景观设计的角度开展声景观要素分析的研究尚未见报道，开展相应的研究，可以从声景观设计角度充实绿地景观的设计原则。视觉、嗅觉等非声学要素直接影响着人们声景观的主观感知，改善其他环境要素可以间接地改善声景观。研究绿地景观美景度和声景观的相互作用，从提高视听综合满意度的角度提炼、改善景观美景度的因素，这些均对完善绿地植物景观设计理论和实践有重要意义。

4.2 公园声景观评价研究

综合性公园在城市中扮演着至关重要的角色，不仅调节城市的自然环境，也影响着城市的发展。公园为整座城市的居民提供生活娱乐、体育锻炼、文化交流的重要场所，使得常年生活在钢筋混凝土构筑的都市中的居民有了一片舒展筋骨的自然乐园，也是人们与外界交流沟通的重要载体。因此，公园的环境质量必须随着城市的发展而发展，这不仅仅在于视觉环境的美化，听觉环境也是不可分割的一部分。

在前期大量资料阅读和实地调研的基础上，笔者的研究团队选取了天津市具有代表性的 3 个大型综合公园，分别为天津的水上公园、人民公园和南翠屏公园。同一个公园内的实验样地的功能、区位、空间等条件各不相同，既有靠近城市主干道以交通声为背景的样地，也有充满了虫鸣鸟叫的样地；既有宽阔的广场样地，也有蜿蜒的林间小道样地。本研究在不同的公园之间选择了条件相似的测试点，对其进行对比分析，对公园的各个景观节点进行分析之后，选取一条路线上的 3 至 4 个节点作为声漫步的路线。下面以上水公园为例，介绍具体的研究成果。

4.2.1 研究地点及方法

4.2.1.1 测试点特征

水上公园坐落于天津市区西南部、宾水西道以北，并被水上公园西路、水上公园北路、水上公园东路包围，总面积为 125 万 m^2，是天津市规模和面积最大的综合公园，水体面积达 75 万 m^2，陆地面积为 50 万 m^2，整体绿化面积达 35 万 m^2。根据不同功能和空间布局，研究团队选定 4 个测试点（图 4–1），各测试点的位置特征如下。

测试点一位于水上公园东门与东二门之间，南侧有面朝水上公园东路的次入口。该处为半圆形的休憩场地，道路西侧是东湖。之所以选择该处为测试点一，是因为该处临近水上公园主入口，主要功能为通行，同时又满足休闲功能。不仅如此，该处临近水上公园东路，川流不息的交通声作为背景声，与其他测试点截然不同，交通声使测试点一拥有独特的声环境，以便与其他测试点进行对比分析。

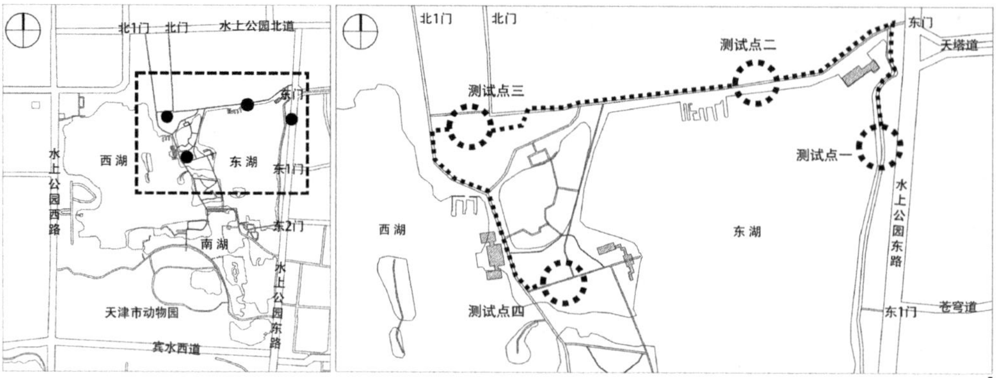

图 4–1　水上公园 4 个测试点的位置

测试点二是水上公园东门入口的第一个广场，该广场两面临湖，空间开阔，有优美的景观视觉效果。相对于测试点一的疏朗，这里的亭台楼榭、游船码头显得十分热闹。该区域是活动类型最为丰富的区域，大面积的硬质铺装可供人活动，树下搭配座椅，同时具有活动与休闲的功能。水晶广场位于测试点二的西北方向，步胜廊与该点隔湖相望，所以该点免不了要受到这两处的广场舞旋律的影响。音乐声、广播声、脚步声、人语声、水声、鸟语等声源在此处都能被听到，形成了一个错综复杂的声环境。

测试点三位于春岛、龙潭书画院东面，在临近一座小山丘的羊肠小道上。相对于测试点二的开阔和热闹，测试点三空间更曲折，氛围更幽静。该区域以自然种植为主，植物配置的层次更加丰富，色彩更加多样，形态更加多变。鸟鸣作为该处声环境的主导，营造出了“鸟鸣山更幽”的意境。

测试点四位于添趣廊西侧，是一个丛林中的广场，相对于测试点二，其环境多了一份清幽，而相对于测试点三，其环境又多了一份明朗。广场被繁茂的植物包围，人在靠近种植区域的时候，能清晰地听见阵阵鸟鸣声传来。该广场是轮滑爱好者活动的主要场地，男女老少、各个年龄层的人都有，他们时而排队前进，时而追逐嬉戏，偶尔还会举办竞技活动，大鼓声、轮滑鞋与地面摩擦的声音、音响发出的音乐声、轮滑者的欢笑声、观摩者的交谈声、过路者的脚步声、头顶掠过的飞机声相互交织，形成属于人类文明的声音。4 个测试点见图 4–2~ 图 4–5。

4.2.1.2　声漫步

声漫步是由英雷•沙费尔(R. Murray Schafer)于 20 世纪 60 年代末 70 年代初设计

图 4-2　水上公园测试点一全景

图 4-3　水上公园测试点二全景

图 4-4　水上公园测试点三全景

图 4-5　水上公园测试点四全景

的一种实践性研究方法，是鼓励参与者仔细聆听环境声音、作出感官判断、用于识别不同地点声景观和声景观要素组成的实验方法。

本次声漫步研究由 30 个天津大学在校学生参加，包括风景园林专业、环境艺术专业及非相关专业的学生，其中男生 6 人、女生 24 人，均听力正常，年龄均 18~27 岁。每次实验选择晴朗、空气质量优、风速 5 m/s 以下、温度 24~31 ℃的天气，3 天为一个周期，共 2 个周期。研究分别在早上（8:00—10:00）、中午（11:00—13:00）、傍晚（16:00—18:00）3 个时间段测试。声漫步期间，要求被试者列出听到的声音类型及相应的感知和偏好，每种类型声音响度的感知被分为 5 个标准（–2 为非常安静，–1 为安静，0 为正常，1 为吵闹，2 为非常吵闹），并对每个测试点的听觉舒适度、视觉舒适度及整体舒适度作出评价。在声漫步进行的过程中，研究人员对现场环境进行录音，用于进一步的声音解析。评价声音要素的 3 项指标如下。

（1）声音响度（Perceived loudness of individual sound，PLS）。其指在声漫步过程中，受试者听到的每种类型声音的响度。

（2）声音频率（Perceived occurrences of individual sound，POS）。其指在声漫步过程中，每种类型声音出现的次数。根据声漫步过程录音采集的声音样本，以 30 s 为间隔进行统计，记录每种声音出现的次数并进行归类。

（3）声音多样性指数（Soundscape diversity index，SDI）。根据 Simpson 多样性指数计算，其公式为：

$$SDI=1-\sum_{i=1}^{s}(\frac{n}{N})^2$$

式中：N——所有类型的声音出现的次数总和；

i——选择出的某一种声音；

n——被选择的声音出现的次数；

S——所有的声音类型。

SDI 值在 0 到 1 之间，越接近 1，说明该城市公园的声景观多样性越高。

4.2.1.3 景观要素分析

研究人员采用拍摄测试点全景照片的方式进行现场景观空间格局分析。全景照片使用 Nikon D7000 型相机拍摄，相机被固定在 1.2 m 高的三脚架上，在声漫步测试点进行 360° 拍摄。每个测试点拍摄 8~10 张照片，用 Photoshop 拼接成 4 cm × 25 cm 的全景照片，从全景照片中提取植被、水体、建筑、路面、小品和天空 6 类景观元素，在 CAD 中计算其面积并统计比例，出现在照片中的人被忽略不计。

4.2.1.4　数据处理

研究人员采用 Excel 及 Spss19.0 软件进行数据处理，主要进行声环境指标与景观构成及主观感受的 Pearson 相关分析。

4.2.2　结果与分析

4.2.2.1　公园声景要素分析

根据文献报道及前期预调研，研究人员列出公园可能出现的 15 种声音，并将其分为 5 类。①人类活动声，包括交谈声、嬉闹声、脚步声、清扫声；②交通声，主要指机动车的声音；③机械声，包括自行车声、活动器械（如健身器材、公共设施等）声、飞机声、音乐声；④生物声，包括鸟叫声、狗叫声、昆虫鸣叫声；⑤地理声，包括水声、树叶声、风声。根据被试者在不同时间段进行声漫步调研反馈的问卷信息，研究人员对水上公园各个测试点的声源条件进行统计。

测试点一的声源一共有 10 种，其中占比例较大的是脚步声、交谈声、交通声，从主导声源统计图来看，交通声占 33% 的比例，其次是音乐声占 25%，交谈声占 14%。交通声和脚步声与该测试点靠近城市主干道的区位条件，且主要为通行的功能定位有关。音乐声主要来自公园主入口的广场活动人群自备的音响设备，其在一定程度上将人们的注意力从交通声上转移。交谈声除了来自通行中的游客，还来自在此坐下休憩的人们。嬉闹声、脚步声在声源统计中占有很大的比率，在主导的声音选项中，这两组声音的比率不高，说明这类型的声音具有不连续、不规则的特点。鸟叫声、清扫声以及飞机声是更灵活的声音元素。风声和树叶声呈现出比较持续的状态，微风吹拂是这个季节天津市天气的常态。而测试点一体现的问题在于分区之间的干扰性强，对外界交通噪声的消减程度不够，见图 4-6。

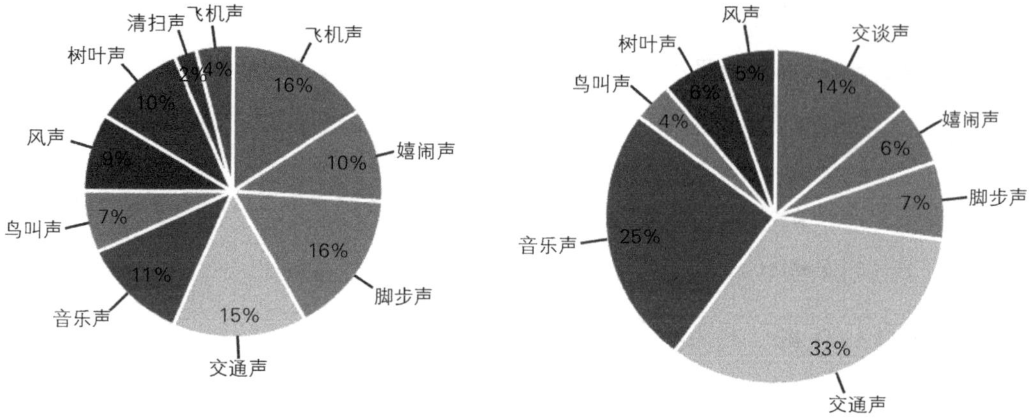

图 4-6　测试点一声源与主导声统计图

测试点二的声源为 11 种，声源统计中被选择次数较多的为交谈声、嬉闹声、脚步声和音乐声。主导声源统计中，音乐声占主导地位，其次是交谈声和嬉闹声。音乐声与该点位于东门主入口的第一个活动广场的区位条件有关，该广场活动空间宽敞，活动类型多样，活动小群体自备的音响设备形成了多个声源的音乐盛况。该声源具有很大的流动性和不稳定性，受到活动类型、群体数量、活动时间以及天气条件等因素的影响。交谈声和嬉闹声主要来源于围观者，此外，该测试点除了有宽敞的活动空间，还有配套的座椅、凉亭以及舒适的树荫，给人们在该地的游玩提供更多便利。脚步声没有形成一定的规律且未达到一定的分贝，在主导声选择中被测试者忽略。树叶声和风声也是不稳定的声音，在主导声音选项中偶尔能占有一定的比率，有的时间段又不能形成主导声源。这里的交通声主要是指园区的观光车产生的声音。清扫声、活动器械声以及鸟叫声在该点占据的比例很小，鸟叫声更是被鼎沸的人声所掩盖了。专业受试者调研的下午是该地声压级最低的时间段，在这个时间段鸟叫声就突显了出来。值得注意的是，在声源统计中，测试点二出现了测试点一不曾出现的水声。试验者在调研过程中发现，在该测试点旁边的水池中装有喷泉，只是由于喷泉不常开，所以时间长了就被人们忽略了。测试点二体现的问题在于过多的人文声掩盖了自然声，公园管理不到位，对设施运用不足。测试点二声源与主导声统计见图 4-7。

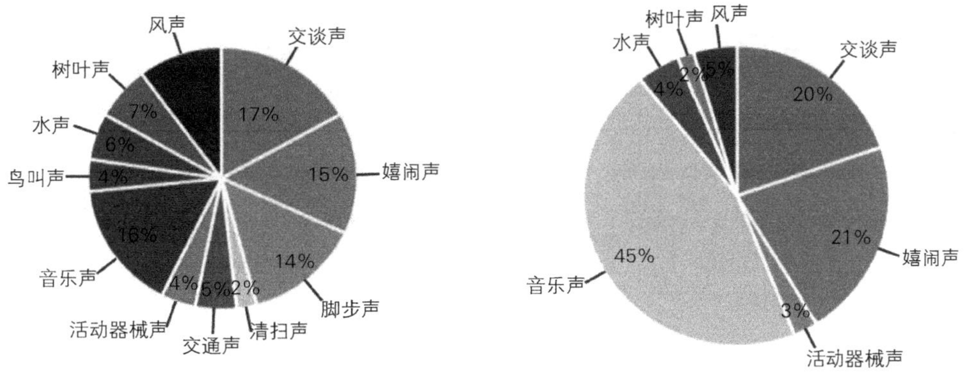

图 4-7　测试点二声源与主导声统计图

在测试点三中，比较明显的声音有交谈声、脚步声、音乐声、鸟叫声，树叶声和风声也占有很大的比率。从主导的声音类型分析可以发现，交谈声、音乐声、鸟叫声所占比例依然很大。测试点三位于水上公园春岛，是以自然环境为特点的区域，这里植物配置十分丰富，给人们带来舒适的林间体验。羊肠小道是该测试点测试者的主要活动地点，小路边设置有座椅，人们的活动类型主要为漫步、聊天，人与人之间的活动距离相对较小，环境布局和活动类型是交谈声和脚步声为声音主导的原因。植物屏障虽然对声音有一定的消减作用，但该点与测试点二之间的距离并不远，所以在该点还是能清晰地听到测试点二传来的音乐声。不仅如此，早上和下午来此散步锻炼身体的老人也时常带着收音机播放音乐。鸟叫声是该测试点声环境最大的特点，是该测试点声环境的主基调，并不随着时间节点的不同而发生改变。在有风的日子里，树木随风摇摆，树叶之间相互摩擦，搭配着林间的鸟鸣和草丛中偶尔传出的一两声昆虫的鸣叫，形成了该测试点静谧的体验。嬉闹声主要集中在中午，主体是聚集在测试点三的休憩者。清扫声具有偶然性，交通声主要是在春岛外环行驶的园区观光车的声音，活动器械声主要是活动者自带的收音机以及用于手部锻炼的仪器发出的声音等。测试点三的声环境受到活动和时间的影响主要体现在嬉闹声上，其次外部环境对该点声环境的影响还体现在音乐声在不同时间节点的变化上。测试点三声源与主导声统计见图 4-8。

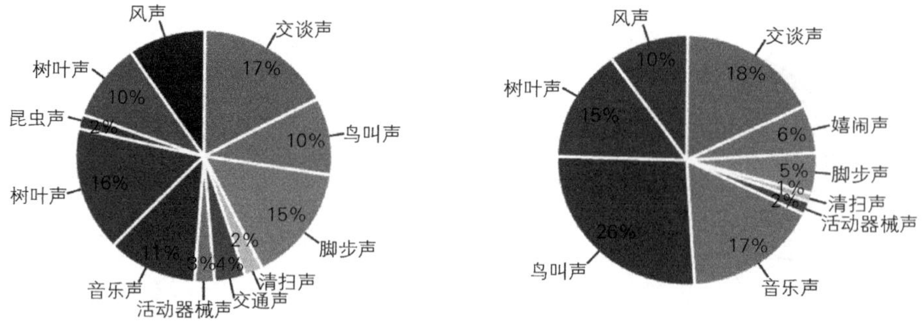

图 4-8 测试点三声源与主导声统计

测试点四出现较多的声音有交谈声、嬉闹声、脚步声、活动器械声以及音乐声。从主导的声音选项中可以看出此处音乐声最盛，其次为活动器械声和嬉闹声。测试点四被重叠的植物包围，长方形广场和花坛将该点的人员活动分为两组群体，他们每组以各自的广场中心点为圆心，轮滑者以画圈的方式进行追逐、嬉戏。广场的周边设置座椅，人们在此发出阵阵交谈声。最热闹的还要属轮滑者了，他们在激烈的音乐节奏下自然而然地会提高说话声音的分贝数。交通声和飞机声时有时无，轮滑鞋产生的声音被归为活动器械声。轮滑是该点主要的活动类型，由此产生的声音也是该点声环境中的特色声音，轮滑活动分为两种，一种是轮滑者有组织地运用统一的音响设备进行竞技；另一种是轮滑者将自备的小音箱挂在腰间，形成多种音乐声源。鸟叫声来自广场周边的树林，和树叶声、风声一样，一定程度上受到人们活动和天气的影响。测试点四的活动声影响着该点测试者对周边自然声的接收，其声源与主导声统计见图 4-9。

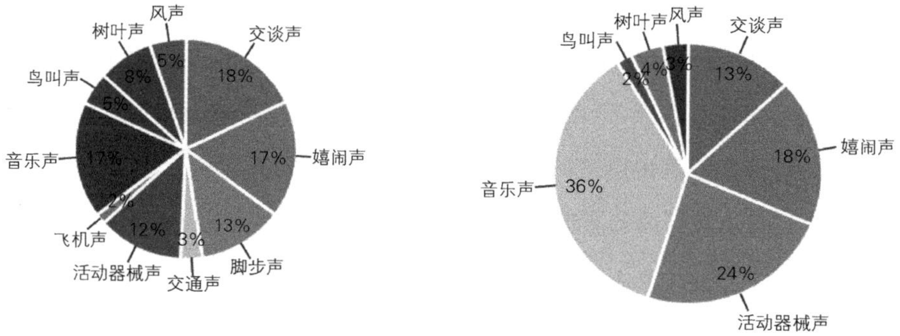

图 4-9 测试点四声源与主导声统计

4.2.2.2 声景元素构成分析

统计水上公园各个测试点出现的声音类型和频率，如表 4-1 所示，5 个类别中出现频率较高的为交谈声、音乐声、风声、树叶声、嬉闹声和交通声等，可以直观地反映出水上公园的声音构成。通过计算得出水上公园的声景观多样性指数（*SDI*）为 0.89，即从表 4-1 的声音选项中随机选取 2 个声音，它们分属不同声音类型的概率为 0.89，反映出水上公园的声音类型比较丰富。

表 4-1　水上公园声元素构成及出现频率

声音类别	声音类型	出现比率 /%
人类活动声 Hum	交谈声	13.7
	脚步声	10.8
	嬉闹声	8.5
	清扫声	0.5
	合计	33.5
交通声 Traf	交通声	5.6
机械声 Mech	音乐声	14.9
	活动器械声	5.2
	飞机声	0.9
	自行车声	0.6
	合计	21.6
生物声 Bio	鸟叫声	10.4
	昆虫声	0.7
	狗叫声	0.2
	合计	11.3
地球物理声 Geo	风声	15.6
	树叶声	11.3
	水声	1.3
	合计	28.2

4.2.2.3　声景观指数与环境舒适度相关分析

研究人员分别对不同类型声音的响度及频率等进行相关分析，结果如表 4-2 所示。在声音响度（PLS）分析中，人类活动的声音与机械声呈显著正相关，这是由于公园使用者的活动大都由乐器伴奏，声音高亢。而其他各种声音类型的响度之间没有表现出显著相关性，反映出水上公园测试点区域的各类型声音响度比较分散。

在声音出现频率（POS）分析中，人类活动声与机械声呈显著正相关，与生物声和地球物理声呈显著负相关，即人类活动声出现越频繁，自然属性的生物声和地球物理声出现越少，说明水上公园中的自然声最容易受到人类活动的干扰。代表自然声的生物声和地球物理声两者呈极显著正相关，即自然声音属性的声音元素是相互依存的。

在 PLS 和 POS 两项指标的分析中，除地球物理声外，同一类型声音之间的两两相关性都呈极显著正相关，体现了声音出现的频率和响度的一致性。人类活动的声音频率与机械声响度呈极显著正相关；机械声的响度与频率分别同生物声的频率和响度呈显著负相关。人类活动声和机械声的响度同地球物理声的频率呈显著负相关，地球物理声的频率同生物声的响度呈显著正相关。这些关系综合反映出占主导的人类活动声和机械声会直接干扰被试者对生物声的感知。

水上公园的声音多样性指数(SDI)整体较高，但与各种声音类型的频率和响度均未表现出显著相关性，也反映出水上公园的声音类型比较分散。听觉舒适度与人类活动声的响度和频率以及机械声的响度呈显著负相关，与生物声和地球物理声的频率呈显著正相关，表明人们都喜欢偏自然属性的声音类型，这与前人的研究报道相一致(Carlesa et al., 1992, Liu et al., 2013)。

表 4-2　水上公园声音响度、频率、多样性指数及环境舒适度相关关系

		PLS					POS					SDI
		hum	traf	mech	bio	geo	hum	traf	mech	bio	geo	
PLS	hum	1										
	traf	−0.167	1									
	mech	0.785**	0.155	1								
	bio	−0.317	−0.496	−0.381	1							
	geo	0.000	−0.115	−0.308	0.418	1						
POS	hum	0.936**	−0.032	0.839**	−0.411	−0.074	1					
	traf	−0.291	0.939**	0.013	−0.213	−0.002	−0.170	1				
	mech	0.544	0.186	0.736**	−0.577*	−0.057	0.685*	−0.045	1			
	bio	−0.528	−0.187	−0.592*	0.841**	0.108	−0.582*	0.049	−0.555	1		
	geo	−0.594*	−0.264	−0.588*	0.853**	0.295	−0.579*	0.001	−0.553	0.831**	1	
SDI		0.163	0.325	0.027	0.057	0.158	0.046	0.483	−0.349	−0.015	−0.038	1
听觉舒适度		−0.750**	0−.143	−0.730**	0.549	−0.023	−0.743**	0.031	−0.437	0.647*	0.790**	−0.250

注："*p<0.05"表示在 0.05 水平(双侧)上显著相关；"**p< 0.01"表示在 0.01 水平(双侧)上显著相关。

被试者对环境听觉、视觉和整体舒适度评价的平均得分分别为：0.11、0.67 和 0.44，属于听觉感知较舒适的分值。表 4–3 的回归分析表明，听觉和视觉分别对整体舒适度产生极显著和显著的正相关影响。整体舒适度处于听觉舒适度与视觉舒适度之间，反映出水上公园的声景观状态不佳，结合上述各项指标进行分析，原因主要是人的活动声降低了自然声的被感知度。

表 4–3　整体舒适度与听觉、视觉舒适度回归分析

因变量	自变量	B	t	调整 R^2	F
整体	听觉	0.62	9.96 **	0.95	205.02 **
	视觉	0.20	2.15 *		

注："* p<0.05"表示在 0.05 水平（双侧）上显著相关；"** p< 0.01"表示在 0.01 水平（双侧）上显著相关。

4.2.2.4　声景观元素与景观构成相关性分析

由表 4–4 可以看出，在各类型声音响度 PLS 分析中，生物声与景观构成中的天空和铺装呈显著负相关，与植被呈显著正相关，即在以天空和铺装为主的空间里，人的活动占主导，生物声不易被感知。各类型声音出现的频率 POS 分析中，同样是生物声和地球物理声与植被呈正相关趋势，与其他景观元素呈负相关趋势，但均未表现出显著的相关性，说明各景观元素对应的声景观特征并不显著。声音多样性指数 SDI 与天空呈显著正相关，与植被呈显著负相关，说明以天空为主的空旷型景观的声音类型更多元，而以植被为主的空间的声音类型较少，这与测试点的景观类型及空间功能是一致的。

表 4–4　现场景观元素与声环境的相关分析

	PLS					POS					SDI
	hum	traf	mech	bio	geo	hum	traf	mech	bio	geo	
天空	0.565	0.661	0.781	−0.950*	0.034	0.674	0.571	0.660	−0.746	−0.767	0.984*
水面	−0.054	0.900	0.129	−0.637	−0.571	0.047	0.819	−0.006	−0.132	−0.386	0.755
铺装	0.720	0.489	0.895	−0.963*	0.127	0.812	0.392	0.802	−0.867	−0.846	0.927
小品	−0.200	0.926	−0.006	−0.521	−0.570	−0.098	0.866	−0.147	0.010	−0.245	0.690
建筑	−0.166	0.965*	0.066	−0.560	−0.455	−0.050	0.913	−0.091	−0.043	−0.257	0.763
植被	−0.335	−0.827	−0.556	0.890*	0.230	−0.450	−0.734	−0.417	0.534	0.660	−0.967*

注："* p<0.05"表示在 0.05 水平（双侧）上显著相关；"** p< 0.01"表示在 0.01 水平（双侧）上显著相关。

4.2.3 结论与讨论

4.2.3.1 水上公园声环境状况

声漫步实验的测试点和路径包含了道路周边、活动广场和自然式节点等多种类型，可以代表水上公园的整体声环境要素。研究者综合分析得出水上公园的声音多样性指数（SDI）整体较高，声音类型丰富。声音可以被归纳为自然声和人工声两大类：人工声的主导声源为音乐声、机械声、交谈声、嬉闹声以及脚步声等；自然声中，鸟鸣声构成主导声源，其次为树叶声和风声，水声的出现较少（水上公园水域面积大，但大部分为静水水面），但其却是最受人们期待的声音。

从听觉、视觉与整体舒适度的评价关系可以看出，声景观的提升可以有效改善公园的整体景观评价。水上公园的听觉舒适度主要受到使用者产生的系列声音（人类活动声和机械声）的影响，其出现频率（POS）和声音响度（PLS）均干扰了被试者对自然声的感知。从测试区的景观环境分析可以看出，水上公园以开放式景观为主，不同的景观元素对应的声景观特征不显著，公园也缺少对使用者活动声音的有效控制和管理。所以需要针对公园的景观格局、声环境现状和使用者需求，进行声景观的设计和管理优化，进而改善公园声景观品质，提高公园整体的环境舒适度。

4.2.3.2 水上公园声景观优化分析

本研究根据公园景观的使用现状提升声景观品质。水上公园声音多样性高，但与各声音出现的频率和响度都没有显著相关，说明整体声音类型特点不鲜明。从景观格局和要素与声音的关系可以看出，在铺装、天空面积较大的环境中人工声占主导，水上公园使用者的活动声音在响度上占据主导地位。城市公园是居民日常游赏、活动、休憩的重要场所，居民是声环境的感受者，同时也是声音的制造者，直接或间接地影响着公园声音要素的构成及特征，故规范人为活动产生的声音对提升公园声景观品质具有重要意义。在提升措施方面，一方面，公园应从使用者环境教育的角度将声环境作为环境保护的重要组成部分，增加人们对公园整体景观环境的认知，进而降低自身活动给公园带来的影响。另一方面，公园应从管理角度加强对公园声环境的关注，采取必要的分时间段管理控制，保护大多数使用者喜爱的自然声。

声音设计与公园规划设计应同步进行。绿地的生态质量与声音的强弱、类型及人们的喜好有直接关系(Davies，et al.，2013)，而声音与视觉环境的一致性直接影响使用者对环境的主观偏好(Carlesa，1992)。景观特征决定了城市声景观的空间变化，设计师应将声音作为重要的景观要素进行考虑，综合分析区域中景观特征及对应的声音类型及特征，从规划设计的角度处理好声音与视觉环境设计的关系；针对不同的功能分区规划路线和空间，使人流量分散；注重细节的设计，营造特色小环境，利用植物围合空间，形成稳定且具有自然特色的声环境；在开阔的场地增加动态水元素，声景并茂，吸引游人对自然要素进行关注。

本研究中，听觉舒适度的评分值处于视觉舒适度和整体舒适度之间，可以认为听觉舒适度的降低干扰了人们对整体舒适度的评分。相关文献表明，视觉与听觉相互作用对人的整体环境感知产生影响(Robert，et al.，2010)，而以往的研究多集中在如何通过视觉感知的优化减少人们对(不喜欢的)声音的关注，从而改善声景观质量，但对于提升景观环境的整体感知，声景观不应总作为负面因素，我们可以从规划设计、使用者环境教育和公园管理等几个方面优化声环境质量，使声景观成为整体景观的加分要素。

4.3　公园声景观感知评价分析

在天津的水上公园、南翠屏公园和人民公园声漫步研究过程中，研究者进行语义微分法问卷调查。语义微分法(SD 法)是让受试者选择成对的意义完全相反的形容词来对样本进行主观评价。通常，在使用语义微分法时，研究人员会将意义相反的形容词布置在问卷的两侧，中间使用 5 到 7 个量度的等级评价词，以供受试者选择最贴近自身感受的词。SD 法最初被运用于心理学方面，随着时代的发展，到了 20 世纪 90 年代，SD 法被应用于景观设计、建筑等多个领域的评价与研究上。SD 法的关键在于对形容词对的选择，其既要直接反映受试者的心理状态，又要映射环境问题。该方法在声漫步研究过程中得到广泛应用。

本次研究针对声景观感知设计问卷(图 4-10)，涉及的形容词对有代表物理属性的明朗度、自然度、多变性、稳定性、秩序感、空间开阔度、连续性、色彩丰富程度，代表社会属性的氛围感、动感、美感、吸引力、生命力、安全感，代表人文属性的安静度、平静度、愉悦度、轻松度。

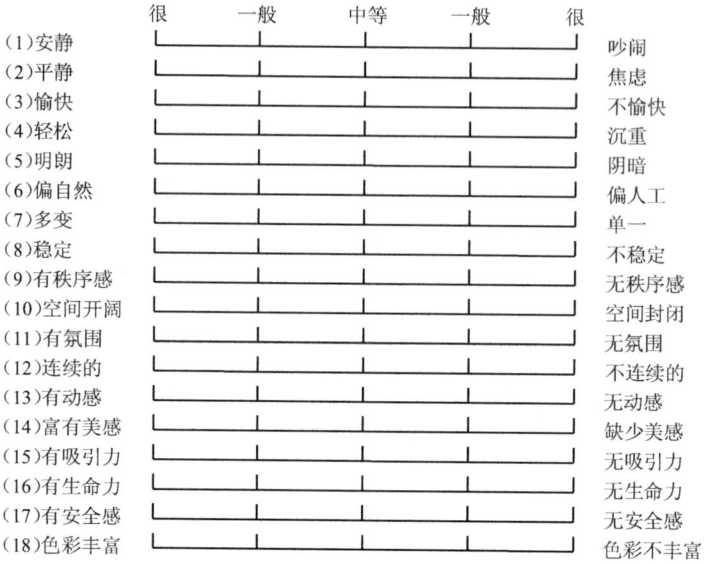

图 4-10　SD 词对设计

4.3.1　主成分分析

在声漫步研究中，通过 SD 法对天津市城市综合性公园环境进行评价以后，研究人员结合因子分析法对主要影响因子进行提取。因子分析法运用软件 SPSS19.0 进行分析，公共因子提取采用主成分法，并采用变量的相关性矩阵进行因子提取。因子旋转方法采用方差最大旋转，分析结果如表 4-5 所示。

表 4-5　主要影响因子提取

	成分				
	主因子 1	主因子 2	主因子 3	主因子 4	主因子 5
愉悦度	0.932				
氛围感	0.847				
吸引力	0.777				
安全感	0.754				
生命力	0.621				
轻松度	0.560				
美感度	0.550				
秩序感		0.872			
多变性		−0.846			

续表

	成分				
	主因子 1	主因子 2	主因子 3	主因子 4	主因子 5
稳定性		0.762			
连续性		0.673			
明朗度			0.913		
自然程度			0.851		
空间开阔度			–0.796		
动感度				0.958	
平静度				0.942	
安静度				0.727	
色彩丰富程度					0.777

得到因子旋转后载荷系数表后，研究人员考虑抽取出来的因子具备的特点，对因子进行重新命名。主因子 1 在愉悦度、氛围感、吸引力、安全感、生命力、轻松度和美感度上的载荷比较大，将其命名为心理因子；主因子 2 在秩序感、多变性、稳定性以及连续性上载荷比较大，将其命名为秩序因子；主因子 3 在明朗度、自然程度以及空间开阔度上载荷比较大，所以将其命名为格局因子；主因子 4 在动感度、平静度和安静度上载荷比较大，将其命名为听觉因子；还有比较特殊的色彩丰富程度被列为主因子 5，其被命名为色彩因子。

基于上述因子分析，提取出 5 个主要影响因子。心理因子是人对整体环境、活动氛围等条件的最直观的心理感受；秩序因子是反映公园环境景观构图、景观设施布置、活动秩序的主要因子；格局因子主要反映现场空间布局、空间开阔度、现场景观构成元素；听觉因子是人们对现场声环境的心理感受，既反映环境声，也反映活动声；色彩因子则针对现场视觉环境中的色彩丰富程度，是一项比较独立的评级因子。

4.3.2　公共因子相关性分析

对天津市综合公园进行公因子提取后，研究者对主要影响因子进行皮尔逊积差相关分析，由表 4–6 我们可以看出，心理因子和听觉因子之间存在显著的正相关关系，说明人们的心情受到当下声音环境的影响。听觉因子与格局因子之间存在显著的正相关关系，说明景观格局与声环境之间相互影响。秩序因子与听觉因子之间存在显著的正相关关系，受活动内容的影响，受试者对活动的评价褒贬不一，但总体而言是有利于声环境的营造的。心理因子与格局因子之间存在显著的正相关关系，说明受试者的心理愉悦程度同样受到当下视觉空间环境的影响。心理因子与秩序因子之间存在显著的正相关关系，活动是环境中变动比较大的因素，对人们的心理感受也有较大的影响。格局因子与秩序因子之间存在显著的正相关关系，不断变动的活动会给当下环境的秩序感带来改变，从而影响当下景观格局的稳定性，反之景观格局也会引导并限制活动内容。格局因子与色彩因子之间存在显著的正相关关系；秩序因子与色彩因子之间也存在显著的正相关关系，心理因子与听觉因子与色彩因子之间几乎不相关，色彩丰富程度是针对视觉环境评价的相对独立的指标，受到活动的影响最大。

表 4–6 主要影响因子相关性分析

		听觉因子	心理因子	格局因子	秩序因子	色彩因子
听觉因子	Pearson 相关性	1				
心理因子	Pearson 相关性	0.717**	1			
格局因子	Pearson 相关性	0.497**	0.711**	1		
秩序因子	Pearson 相关性	0.265**	0.468**	0.464**	1	
色彩因子	Pearson 相关性	–0.046	0.074	0.177**	0.295**	1

注：** 表示在 0.01 水平（双侧）上显著相关。

从上述分析我们可以看出，听觉环境的评价与整体环境的评价有很高的相关性，在城市综合性公园的景观设计中，听觉环境是不可忽视的一部分；对测试者直观心理感受造成显著影响的还有景观格局和人的活动内容，设计师在今后的公园景观设计中要全面考虑。

4.3.3 公共因子对不同功能景观节点的影响分析

为了更好地总结不同功能之间的主要影响因子，研究人员在选取声漫步测试点时有意选择功能、区位条件、活动类型条件相似的景观节点，以此更好地进行归纳分析，见表 4–7。

表 4–7 测试点归纳

功能布局	调研公园	测试点编号
活动广场	水上公园	2
	南翠屏公园	1
	人民公园	1
		3

续表

功能布局	调研公园	测试点编号
自然式节点	水上公园	3
	南翠屏公园	2
	人民公园	2
特色活动区	水上公园	4
	南翠屏公园	3
	人民公园	4
道路周边节点	水上公园	1
	南翠屏公园	1
		3
	人民公园	1
		4

回归分析法以道路周边景观节点作为虚拟标准，分别与活动广场、自然式节点、特色活动区进行对比，分别将格局因子、秩序因子、心理因子、听觉因子和色彩因子作为因变量，以比较不同功能分区中不同感知因子影响的程度，结果见表 4-8。

表 4-8　景观感知公共因子与不同功能空间的相关分析

	格局因子	秩序因子	心理因子	色彩因子	听觉因子
道路周边	0.421	0.335	0.534	−0.037	0.096
活动广场	−0.380**	0.119*	−0.679**	0.513**	−1.397**
自然式节点	−0.024	0.288**	0.436**	0.013	1.103**
特色活动区	−0.470**	0.062*	−0.650**	0.256	−1.423**

注：** 表示在 0.01 水平（双侧）上显著相关，* 表示在 0.05 水平（双侧）上显著相关。

（1）听觉因子。从回归系数可以看出，活动广场和特色活动区听觉因子的回归系数均为负数，说明道路周边景观节点对于声环境的要求要高于活动广场和特色活动区。自然式节点听觉因子的回归系数为正数，说明该功能分区对于听觉环境的要求要高于道路周边景观节点。因此 4 个不同功能的景观节点对于声环境的要求从高到低分别为自然式景观节点、道路周边、活动广场、特色活动区。从不同功能分区对于听觉环境的要求可以看出，在进行城市综合性公园景观设计时，要特别注重自然式景观节点和道路周边景观节点的声景观营造。

（2）心理因子。从回归系数可以看出，活动广场和特色活动区的心理因子回归系数均为负数，表明道路周边的环境条件对于心理评价的影响大于活动广场和特色活动区，自然式节点的心理因子回归系数为正数，表明自然式节点的环境条件对心理评价的影响要大于道路周边的景观节点。也就是说，心理评价受到环境的影响要大于受活动的影响，优越的环境条件直接影响着受试者的主观感受，而受到活动的影响，受试者会产生更多社会属性方面的感受，如安全感、吸引力等，从而影响直观的心理评价。

（3）格局因子。从回归系数可以看出，活动广场和特色活动区的格局因子回归系数均为负数，表明道路周边节点的景观格局对评分的影响大于活动广场和特色活动区。而自然式节点与格局因子无显著相关，表明自然式节点的景观格局与评价分数无关。从上述分析可以看出，最需要重视空间布局、景观元素布置的节点是区位条件并不优越，既要满足通行功能，又要满足休憩功能，没有大规模的活动，也没有极具吸引力的设计亮点的景观节点，这样的区域更需要精巧的空间转换和别出心裁的景观设计。活动广场和特色活动区的吸引力在于宽阔的空间给人们的活动带来便利，人们对于空间感和景观小品的要求随之降低。自然式节点以随意种植的树木为主导，空间变化随意，景观元素为纯粹的植物，打造的丛林感觉给人们带来美妙的体验，人们肆意游走其中，并不会因为景观格局是否丰富而影响他们对大自然的喜爱。

（4）秩序因子。活动广场、自然式节点、特色活动区的秩序因子回归系数均为正数，表明这些测试点受活动的影响要大于道路周边景观节点。从表 4-8 中可以看出，最容易受到活动影响的是自然式节点，该点以安静的自然环境为主导，活动类型以响度低的活动为主，剧烈的活动会影响人们对于环境的评价；其次易受到活动影响的是活动广场，此类活动广场面积宽阔，活动类型多样，不同的活动会形成不同的环境条件；特色活动区以别开生面的活动为主导，别样的活动类型形成该点的环境特色；道路周边景观节点受到区域条件的限制，活动类型单一，因此受活动的影响较小。

（5）色彩因子。活动广场色彩因子的回归系数为 0.513，表明色彩的丰富程度对活动广场的影响大于道路周边的景观节点。同时，自然式景观节点和特色活动区与色彩因子无显著相关关系，表明色彩的丰富程度对这两个功能分区的评价没有影响。活动广场作为公园活动的主要场地，聚集了公园大部分的人群，对景观元素的要求较高，其中就包括颜色的搭配。道路周边景观节点功能比较单一，景观元素的设置受到一定限制。自然式节点以绿色为基调，点缀各种颜色的花草，自然的颜色受到人们的喜爱，不会影响到人们对环境的评价。特色活动区指向特定的人群和特定的活动类型，活动成为该点的特色，因此该点环境受到色彩丰富程度的影响较小。

从各影响因子与功能分区相关分析（表 4–10）可以看出，自然式节点对听觉因子的要求最高；道路周边节点对格局因子的要求大于其他功能分区；活动广场和特色活动区对色彩因子的需求更丰富。

表 4–10　不同功能空间主要影响因子序列表

功能分区	主要影响因子序列				
	1	2	3	4	5
活动广场	色彩因子	秩序因子	格局因子	心理因子	听觉因子
自然式节点	听觉因子	心理因子	秩序因子	色彩因子	格局因子
特色活动区	色彩因子	秩序因子	格局因子	心理因子	听觉因子
道路周边节点	格局因子	听觉因子	心理因子	秩序因子	色彩因子

4.3.4　结论与讨论

研究人员对 18 组形容词对进行因子提取后得出 5 个主要影响因 子，分别为听觉因子、心理因子、格局因子、秩序因子以及色彩因子。视觉环境（格局因子）、听觉环境（听觉因子）以及活动内容（秩序因子）对人的心理感受影响最大。不同的影响因子对不同功能分区的影响也有差异。活动广场的主要影响因子有色彩因子和秩序因子，色彩因子主张现场环境布置得更加丰富多彩，秩序环境要求对活动的类型和内容加以控制。自然式节点对听觉因子、心理因子以及秩序因子的要求比较高，这类景观节点要求有舒适的自然声，增强视觉吸引力和听觉吸引力，整体环境的布置要让观赏者心情愉悦，同时对嘈杂的活动类型进行把控，并减少周边区域活动的干扰，属于功能分区中对环境要求比较高的景观节点。特色活动区的影响因子与活动广场有很高程度的相似性，也是受到色彩因子和秩序因子的影响。道路周边节点中主导的影响因子为格局因子和听觉因子，这说明道路周边需注重空间格局的设计，以形成公园内外的空间隔离，同时在声环境方面要尽量减少外部声音对内部环境的干扰。

参考文献

[1] CARLESA J, BERNÁLDEZB F, LUCIOC J. Audio-visual interactions and soundscape preferences [J]. Landscape Research, 1992,17(2):52-56.

[2] DAVIES W J, ADAMS M D, BRUCE N S, et al. Perception of soundscapes: an interdisciplinary approach [J]. Applied Acoustics, 2013(74):224-231.

[3] IRVINE K, DEVINE W P, PAYNE S, et al. Green space, soundscape and urban sustainability:an interdisciplinary, empirical study[J].Local Environment, 2009,14(2):155-172.

[4] JIAN KANG, M. ZHANG. Semantic differential analysis of the soundscape in urban open public spaces[J]. Building and Environment,2010,45(1): 150-157.

[5] LIU JIANG, KANG JIAN, LUO TAO, et al. Landscape effects on soundscape experience in city parks[J]. Science of the Total Environment, 2013(454-455): 474-481.

[6] HUNTER M D, EICKHOFF S B, PHEASANT R J, et al. The state of tranquility: subjective perception is shaped by contextual modulation of auditory connectivity[J]. NeuroImage, 2010,53(2): 611-618.

[7] MAFFLOLO V, CASTELLENGO M, DUBOIS D. Qualitative judgments of urban soundscapes [C]. Inter-noise & Noise-on Congress & Comfererue, Fort Lauderdale, USA, 1999.

[8] PHEASANT R J, FISHER M N, WATTS G R.The importance of auditory-visual interaction in the construction of “tranquil space” [J]. Journal of Environmental Psychology,2010,30(4):501-509.

[9] 邓金平, 王伟峰, 张邦文, 等. 森林公园声景观与视觉景观耦合评价研究——以江西三爪仑国家森林公园为例 [J]. 江西农业学报,2011,23(12):52-54.

[10] 葛坚, 卜菁华. 关于城市公园声景观及其设计的探讨 [J]. 建筑学报,2003(9):58-60.

[11] 李国棋. 声景研究和声景设计 [D]. 北京: 清华大学,2004.

[12] 马蕙, 王丹丹. 城市公园声景观要素及其初步定量化分析 [J]. 噪声与振动控制,2012,32(1):81-85,118.

[13] 秦佑国. 声景学的范畴 [J]. 建筑学报,2005(1):45-46.

第 5 章　绿地功能与空间设计：以声景营造为例

5.1　中国传统园林的声景应用

陈从周先生云："若园林无水，无云，无影，无声，无朝晖，无夕阳，则无以言天趣，虚者实所倚也。"由此可见，在我国传统园林中，听觉是感知"整体景观"不可或缺的一部分。园林中的声景观有多种设计方法，古典园林中利用风声与园林空间的转折营造神秘、悠远的声环境，利用题词造景渲染文艺、静谧的声意境，利用变幻的天气现象与植物配置创造活泼、具有灵意的声韵味。

"蝉噪林逾静，鸟鸣山更幽"，声音环境对于景观体验的影响自古以来就一直为国人津津乐道。无论是文人墨客笔下的诗词书画，还是能工巧匠建造的亭台楼阁，声音始终都是为景色点睛的妙笔。有别于西方研究中对于声音景观的物理性的定量与刻板的提法，人文的、人性的中国古典审美体系在研究声景观这一涵盖历史文化、人文心理的复合学科时，为我们提供了犀利并典雅的切入点。

5.1.1　中国古典审美中的声景

王世仁先生曾经提到："利用声音来创造美的环境，中国大概是开掘得最深的国家。"（王世仁，2001）中国古代的诗词对于听觉元素的描述比比皆是，利用声音来营造美好意境的手法层出不穷，唐代大诗人杜甫在《江畔独步寻花》中云："黄四娘家花满蹊，千朵万朵压枝低。流连戏蝶时时舞，自在娇莺恰恰啼。"丰富的视觉冲击、富有动感的色彩、恰逢其时的听觉体验使得诗句中描绘的景色饱含了春意盎然的生命活力。这样一组多层次的、立体的景观构成，通过诗人对不同感官体验的描绘，勾起人们对于景色的记忆，是一种文字层面的交互体验。

"明月别枝惊鹊，清风半夜鸣蝉。稻花香里说丰年，听取蛙声一片。"此诗句是辛弃疾笔下描绘的夏夜，四句之中可谓处处不离天籁，令人感觉一股原野的芬芳扑面而来，万籁之声扮演着不同的角色，“惊鹊”“蝉鸣”营造出一派静谧凉爽的夏夜景色，嘈杂的“蛙声一片”打破了原本安静的夜，为夜色增添了一份原始的生命力。诗词中声音元素丰富立体，仿佛一部夏夜交响曲。

园林景观中经常会有“未见其景，但闻其声”的景观，意在让体验者从园林的声音开始体验，从耳到眼，不知不觉陷入园林意境美之中。若要论对园林意境的营造，当属中国古典园林呈现的一个又一个上好佳品。李渔的《闲情偶寄》明确指出：“种树非止娱目，兼为悦耳。”可见自古以来，中国的造园家们就有利用植物配置、营造优美的声景观的意识，并在长期的造园活动中进行实践，概括总结了一系列的方法。他们不仅利用风云变幻、虫鸣鸟叫等自然声响装点园林的声景观，还利用空间转折等设计手法将风雨声引入、放大、分解，更重要的是利用诗词歌赋等艺术手法，形成独特、儒雅的声音意境，这在世界园林体系中是罕见的，值得今天的园林设计师们继承和发扬。

5.1.2 古典园林的植物景观与声景

在中国古典园林这自成一派的体系之中，有意地，甚至是刻意地在景观的营造之中融入视觉元素以外的信息是一种惯用的手法和审美情趣。中国古代自古奉行着一种天人合一的理念，这种情结归结到审美情趣当中，狭义上来说是一种对于自然环境的演化和嬗变的向往。道法自然，对于湖之色，山之光，鸟之鸣，花之香，每一处景色都有其对应的感官，每一种感官都有诗人们相应的、细心的描摹，其中对于听觉的再现更是被应用到了很多园林的主题当中。

中国古典园林在植物造景的运用上可谓炉火纯青，与之相应的景观和诗句更是难以计数，而植物造景对声景元素的丰富更是功不可没。由于在园林设计中所运用的植物种类五花八门，根据不同的植物所独有的色彩、外形、香气特点，文人们为其赋予了浓厚的文学内涵和寓意，同时也丰富了其人格特征。雨打芭蕉，风动松涛，气候的变化加之植物枝叶形体的不同，使得植物造景所营造的声景观效果丰富而多样，饱含音乐的韵律，再配以人类情感的寄托，其声入耳不同凡响。

古人向有“听松”之癖，松种不同，体态各异，孤松、群松结合不同的气候更使得“松声”气象万千，情感丰富。松树自古又被赋予清雅淡泊的情操，一直为文人雅客所偏爱，如袁枚所写《峡山寺飞泉亭记》中所述“僧澄波善弈，余命霞裳与之对枰，于是水声、棋声、松声、鸟声，参错并奏。顷之，又有曳杖声从云中来者，则老僧怀远，抱诗集尺许，来索余序。于是吟咏之声，又复大作。天籁人籁，合同而化。不图观瀑之娱，一至于斯，亭之功大矣”。松声禅意已经被古人理解为一种审美组合，是古人将天籁理解为道法自然的一种重要途径。

“拙政园”中的“留听阁”可谓园林声景中不得不提的代表。“留听”二字取自李商隐的“留得残荷听雨声”。不同于其他诗词中对声音环境的直接描述，“留听阁”与所对照的诗句一样，实际上是一种对声音景观的铺陈和期待，甚至可以理解为一种有意为之的声音造景。

“听松”仅仅是古人的偏好之一，自然界的声音丰富多样，或苍凉萧索，或雀跃欢欣，为了将这些音律定格在园林一角供人赏玩，植物的配置必不可少。沿袭了巨然的《万壑松风图》，避暑山庄的“万壑松风”建筑群因其处的风声如松林发出瑟瑟松涛之声而得名。这些例子都是将声景观从平面的想象当中提炼出来，还原在现实的生活中，升华出与众不同的审美情趣。

为了“雨打芭蕉”，就要遍植芭蕉树，要实现“万壑听松”就要临近松海，“残荷听雨”自然也少不了荷花。这些景观的视觉效果固然令人赏心悦目，但古代的设计师们调动了除视觉之外的其他感官，听觉“景观”、嗅觉“景观”无不引人入胜。花木枝叶所营造的感官氛围更能沁人心脾，令人借景抒怀，置身天籁之间，这是凡俗中的丝竹管弦不能比的，所谓“何必有丝竹，山水有清音”正是此意。

自此可见，我国古代造园师们借助植物配置的手法营造良好的氛围，在调动多感官刻画主题之时更是游刃有余。奉行着“道法自然，天人合一”的理念，他们营造出令人印象深刻的景色，将诗情画意融入景观之中，这些并不仅仅局限于古典园林的设计之中，而且深深融入国人景观审美的血液里。这将为我们对于植物营造与声景观的优化研究与实践提供宝贵的借鉴。

5.1.3　中国传统名花与声景观营造

世称花卉乃天地之至美，中国传统名花不仅仅是古典园林中喜闻乐见的设计元素，更是诗人画家比兴的载体，以花对诗，托花言志，不仅陶冶自身的情操，也让古典园林受文学气质深深的熏陶。声音作为人们获取信息的辅助方式，是园林景观整体性不可或缺的一部分，诗意的水声、瑟瑟的风声、活泼的雨声、婉转的动物啼叫声都能给人带来愉悦感，而传统名花的加入在声景观中可谓是“锦上添花”的设计，它的加入让园林中的声音更加动人。下文将分析梅花(*Prunus mume*)、荷花(*Nelumbo nucifera*)、菊花(*Chrysanthemum*)、牡丹(*Paeonia suffruticosa*)、玉兰(*Magnolia denudate*)、桂花(*Osmanthus fragrans*)、山茶(*Camellia japonica*)等几种独具特色的名花在声景观设计中的应用，从植物配置在声景观中的应用入手，探析中国传统名花在声景观中扮演的重要角色。

5.1.3.1 梅花的声景观营造

林逋曾在《山园小梅》中写道：“众芳摇落独喧妍，占尽风情向小园。疏影横斜水清浅，暗香浮动月黄昏。”王安石吟道：“墙角数枝梅，凌寒独自开。”陆游有“零落成泥碾作尘，只有香如故”的感慨，可见从中国古典园林造园活动开始，梅花就受到造园者的青睐，无论是其不畏霜寒的傲骨，还是其若隐若现的暗香，抑或是其傲立枝头的这份清高、优雅的气节，都能从视觉、听觉、嗅觉以及意境等方面渲染出古典园林的雅致。拙政园中的雪香云蔚亭环境清幽，摇曳的梅树向小亭伸展着腰身，松树光影斑驳，柳树阴影如丝，在阳光下相映成趣，鸟在树间欢呼雀跃，溪在亭前蜿蜒穿梭，加之明代倪元璐题写的匾额“山花野鸟之间”，诗情画意犹在眼前。

从搭配的角度来看，梅花与水的搭配突出梅花的韵格，梅花被古代文人雅士喜爱，因为它树形优美、古朴典雅，具有“凌寒独自开”的傲骨精神，当梅花优雅的姿态在水中摇曳的时候，可形成“疏影横斜，暗香浮动”的优美画面，营造出静谧、雅致的园林意境(王美仙、陈悦，2013)。雨打梅花虽不如雨打芭蕉的律动，却多了一份清丽，雪落梅间的景象更是令人心驰神往，诗人卢梅坡在《雪梅》中写道“梅须逊雪三分白，雪却输梅一段香”，说的正是这一份孤傲凛冽的意境，而雪落在梅花上、飘洒梅林间细碎的声响，更能引起文人墨客为梅的清雅与坚贞感慨万千。与月成景，是以梅造景意境的升华，不仅仅是因为其渲染出了宁静、恬淡的环境，更是因为月与梅的搭配本身就极具诗情画意。同时，以梅造园不仅应用在观赏园中，现代园林中以纪念英雄人物为主题的梅园也会选择色泽淡雅的梅品种烘托公园肃穆、静谧的环境氛围(王爽，2014)。

宋代张镃的《梅品》是全世界首部以记录梅花欣赏标准为主的奇书，书中从重视天时与良辰、讲究环境与配置、突出花品与人品、追求雅趣与脱俗等 4 个方面列举了赏梅的 58 条标准(陈秀中，1995)。其中“花宜称”，即对于赏梅品梅最合适、最相称的 26 种环境分别是淡阴、晓日、薄寒、细雨、轻烟、佳月、夕阳、微雪、晚霞、珍禽、孤鹤、清溪、小桥、竹边、松下、明窗、疏篱、苍崖、绿苔、铜瓶、纸帐、林间吹笛、膝上横琴、石抨下棋、扫雪煎茶、美人淡妆簪戴。淡淡的阴、微微的雪、轻轻的烟、薄薄的寒、细细的雨和清晨的旭日、傍晚的落霞，还有明朗的夜月，伴着梅花，我们仿佛又听到了宋人吹奏古笛曲《梅花落》和古琴曲《梅花三弄》的袅袅余音。

作为冬末春初主要的开花植物，梅花、蜡梅常常与竹、假山搭配，孤植或丛植点景于古典园林中，极具冬日苍冷之感。扬州个园与雪香云蔚亭就是最好的佐证，岁寒之时，雪花漫天，暖阁而憩，品幽幽绿茗，听北风呼啸，看雪花飘扬，令人陶醉。

5.1.3.2　荷花的声景观营造

有诗曰：“方池涵碧落，菡萏在中州。谁唱田田叶，还生渺渺愁。仙姿净如拭，野色淡于秋。一片横塘意，何当倬小舟。”其意不仅在于表现“接天莲叶无穷碧”的荷塘景象，更是将荷风阵阵、雨打荷叶这一生机勃勃的景象展现在诗中。与梅花的凛冽、清高不同，荷花渲染的景观是甜美的、活泼的，正如诗中说的那样，“小荷才露尖尖角，早有蜻蜓立上头。”

《园论》中以雨中荷叶芭蕉、枝头鸟语蝉鸣为例，将“赏声”列为江南园林花木布局的显著特点，荷花在声景观设计中的重要作用可见一斑。江南古典私家园林中常用 3 种植物营造优美的自然声景观：用松树、竹子增强风声；用芭蕉、荷花衬托雨声；用梧桐、柳树促进虫鸣声（杨俊，2013）。拙政园作为江南私家园林的杰出代表，以广阔的水面为中心，周围环绕楼阁轩榭，将宁静优雅的声环境展现得淋漓尽致。自然美景加上人文情怀，方能让园林景观意境盎然，听雨轩和留听阁的雨声、听松风处的松涛、远香堂与荷风四面亭的荷风、梧竹幽居的梧音、绿漪亭的水波、雪香云蔚亭的蝉噪鸟鸣都是经典的自然声景，文人雅士将自然与植物的互动巧妙地体现在景观题词中，为的就是留住这声、这景、这意境。

自古以来的造园活动，造园家们就有意识地将天地之间的自然声响引入园林之中，楼阁旁、溪涧边常常广种芭蕉、荷花，借交替的风云变化奏响独特的旋律装点园林，那种灵动的景象直至今日依然为人们所津津乐道。杭州西湖十景之一的曲院风荷就是以清新、雅致的荷风为其特色，所谓“千点荷声先报雨”，说的正是这种声景观效果。韩愈十分喜爱雨打荷花的景致，道：“从今有雨君须记，来听潇潇打叶声。”刘敞也有类似诗句，“东风忽起垂杨舞，更得荷心万点声。”高贵典雅的品性、淡泊宁静的意境，使荷花在声景观应用中保持着深深的吸引力。

今天的园林设计师们应在继承与发展古典园林声景观营造方式的基础上作出更多努

力与创造，以追求更丰富的现代园林声环境。合理的植物配置能营造出优美的听觉条件，不同品种的荷花与湖水的结合，不仅能创造生动活泼的园林空间，也能在四季变化之间、晴雨交替之际收获不一样的景致，夏季晴日泛舟湖上，听荷风阵阵、水波荡漾；雨天听雨打荷叶，体会一份清凉的宁静；秋冬之季，亦能留得残荷听雨声，给人诗意优雅的享受。“稻花香里说丰年，听取蛙声一片”，人们不仅是在稻花香里能听到此起彼伏的蛙鸣，在映日荷花的沁香中，也常常有响亮的蛙鸣荡漾在人们耳畔。

5.1.3.3 菊花的声景观营造

古人将梅、兰、竹、菊称为“四君子”，清人张潮在《幽梦影》中提到“梅令人高，兰令人幽，菊令人野，莲令人淡，春海棠令人艳，牡丹令人豪，蕉与竹令人韵，秋海棠令人媚，松令人逸，桐令人清，柳令人感”。菊花清高、坚强的品质极受人们的偏爱，诗中将植物赋予人的性格，将景观设计升华到了人文高度（孟瑾，2006）。汉魏时期，菊花被认为具有辟邪保健的功能（徐明，2005），晋陶渊明以菊明志，表达自己不随波逐流、向往自由的心境。他咏道：“采菊东篱下，悠然见南山。”从此菊花就成为隐逸君子的象征。菊花作为秋季主要的点景花卉，在园林中备受推崇，因其傲霜的性格，成为文人、画家喜爱的植物。

以雅致风格主导的江南私家园林，为了表达园主人隐逸世外的高尚品格，园林中梅、竹、菊的应用更加广泛。杭州蒋庄庭院尺度小巧，由于主人受诗词绘画的熏陶，其所设计的环境更加清幽，植物配置更加细致。整个庭院以两株古木横枝的广玉兰为主景，浓荫蔽日、高耸的雪松在阳光的照耀下将斑驳的树影洒在建筑的墙面上，建筑物的轮廓线在树的掩映下更加优美生动，大乔木下有小乔木，如耐荫的桂花、山茶等；屋旁秋日种菊花、冬日种蜡梅等；桥头、围墙、园门和岩石假山上，均种有藤蔓植物，整体环境幽静典雅（吕文博，2007），正如诗里写的那样“苦衣不耐新凉，池荷香绾，梧叶忽惊秋落，虫草鸣幽”“但觉篱残菊晚，应探岭暖梅先”。在这样的环境中与世隔绝，仿佛尘世的喧嚣都被阻挡在外，令人流连忘返。

现代城市公园的声景有很多种构成要素，比如动物声、植物声、风声、雨声、人类活动声等。菊花在声景观设计中发挥的作用主要表现在不同品种的菊花与其他植物配置，如与金银花、一叶兰、五色梅等搭配，加上高大乔木，共同构成野趣十足的生态群落景观，为鸟雀与昆虫提供适宜的生存环境（孙春红，2008）。同时，与菊花有关的主题园或是以菊花为主题的活动也能吸引游客，将人类活动的声音这一灵活的要素加入声景观中。如天津的水上公园每年 10 月举办菊花节，利用菊花展览将周边居民及游客从狭窄的居室生活中解放出来，在公园这一宽阔的公共空间里实现人与自然、人与人的和谐交流（孟瑾，2006）。节奏不一的脚步声、此消彼长的欢笑声、若隐若现的交谈声，加之虫鸣鸟叫、电子音响播放的声音，形成秋日暖阳下一片欣欣向荣的景象。

5.1.3.4　牡丹的声景观营造

牡丹初为药用，南北朝时开始作观赏用，至隋唐以来成为一种重要花卉，被广泛应用于园林中，我国著名的古典园林如北京颐和园、北海公园、承德避暑山庄、杭州花港公园、苏州拙政园等历来广植牡丹，现代园林中各地的公园、植物园亦多建有牡丹专类园。牡丹花开时，繁花似锦，绚烂多姿，使整个园林洋溢着热闹欢快的气氛，呈现出一片富贵祥和的景象。它们在形成优美的视觉效果的同时，其花色及芳香也会引来蝶舞蜂忙，形成独特的声景观效果。袁祖志《随园琐记》曰"花时粉蝶成群，游蜂作队，春光逗满，何止十分"，描绘的正是这番生动活泼的景象。

我国古代国力强盛之时，文化活动十分丰富。皇室常以牡丹装点舞台，人们在赏花时，常有诗、酒、歌相伴，诗人李白酒酣过后吟道："名花倾国两相欢，常得君王带笑看。解释春风无限恨，沈香亭北倚阑干。"

牡丹在声景观中的优势之处常表现在其对蜂蝶的吸引以及结合笙竹管弦奏响的文艺之音，在造园活动依然兴盛的今天，人们也为创造更好的景观环境做出了很多尝试。研究人员在对北京部分园林植物减噪进行定量化研究后，结合植物的相对 A 声级减噪能力和减噪率大小确定了减噪较好的试验树种，其中牡丹就是降噪优势配置中阔叶灌木层不可缺少的元素（巴成宝，2013）。

5.1.3.5　玉兰、桂花、茶花的声景观营造

玉兰是江南古典园林中寓意美好的植物，借助其名字中"玉"的谐音，常与海棠相搭配，表达人们希望金玉满堂的美好愿望。在江南古典园林中，以玉兰为主题植物造景的有拙政园兰雪堂、玉兰堂，初春之时，洁白如雪的玉兰花傲立枝头，正是对园主人洁身自好、高风亮节的品质的赞美。桂花自古就有"仙友""仙客"的美誉，是秋季时主要的香花树种，常取其谐音寓意"贵气"，在江南园林中主要的景点有留园闻木樨香轩、网师园小山丛桂轩、扬州个园桂花厅、何园桂花厅、瘦西湖木樨书屋和丛桂亭、杭州西湖满陇桂雨

等。桂花常常以蜡梅、紫薇、山茶花点缀其下层空间，以粉墙漏窗为背景，浓郁而不俗气的香味加上幽静的空间尽显园主人的风雅。茶花是初春时的主要观赏植物，花色艳丽、花期长、生命力顽强，江南古典园林中的拙政园便有以茶花为主的十八曼陀罗花馆（徐明，2005）。

玉兰与桂花形态优美、寓意美好、枝叶浓密、花香淡雅，具有较高的观赏价值，在视觉上给人带来舒适的享受，可将其孤植于角隅、窗前，以古木横枝作为园林精华，或是对植于园中，互为对景，营造出古典园林般的恬静。不仅如此，玉兰、桂花、香樟等枝叶繁茂的树种经过群植设计，搭配梅花、紫薇等灌木层还能将幽静的山林景色浓缩于园林中，枝叶间相互摩擦的"沙沙"声加之满眼淡雅的绿色会让观赏者内心平静，而桂花或深红，或橙黄，或乳白的色彩基调，搭配松、枫香、黄连木等色叶树种，能构成一幅独特的具秋香、秋声、秋色的秋景。"桂花蒸过花信动，桂花开遍满觉垅""人闲桂花落，夜静春山空。月出惊山鸟，时鸣春涧中"这些诗句均是对秋风拂过落花成雨的美好景象的赞美。

在营造幽静的声环境方面，罗海霞、丁建生通过理论和实测研究了复合式绿化林带的降噪效果，提出种植 10 m 宽的复合式绿化林带能够起到较好的降噪效果的结论，而结构设计中，高大阔叶常绿乔木以玉兰和香樟最具优势（罗海霞、丁建生，2003）。在噪声高频段，玉兰和山茶叶片面积大，当群植达到一定的规模，其对波长较短的高频声波的反射作用会增强。桂花因其浓密繁茂的枝叶也成为降噪的优势树种。这 3 种植物相互配置，点缀观花灌木（如具有突出降噪效果的杜鹃）（刘佳妮，2007）和地被，既能形成良好的视觉效果，又能形成一排密集的降噪屏障。

5.2 当代城市中自然声景的营造

城市人声鼎沸、车流如织的嘈杂环境将大自然本真的语言肢解破坏，人们渴望在都市场域里寻求自我对大自然的归属感。城市居民不仅是声讯息的接收者，其内心的需求也可借由声音激发产生，创造声环境恰是还原听者内心的沉静。野花野草能使城市中的人们感受到自然，自然的声音同样能产生荒野之美，适当的场景亦能引发人们埋藏在记忆深处的自然之声。

城市声品质依赖于环境声音的自然性程度。自然声是环境固有的基调，由生物及物理资源构成的自然声景素材可为城市提供更多的自然属性，而非自然的声音会模糊城市的生态功能,对居民的观景体验产生负面影响(马蕙,2008)。美国最先从自然声景的保护与利用入手,形成了一整套自然声景保护系统;日本著名的“百种日本音量:保护我们的遗产”活动,选定具有地域代表性的声音如海潮、蛙鸣、钟鸣等,对自然声音加以保护。“若无蝉噪夕阳,蛩吟晓夜,园林寂寞,秋与何来?”(陈扶摇所著《秘传镜花》)在我国传统园林中,营造和感知自然声景是品味“整体景观”不可或缺的一部分(袁晓梅,2009)。

声音作为景观的表现形式和载体之一逐渐被大家认知,国内外对于声景观的研究主要是从声景客观现状、人对声音的感受评价、声景记录与描述方法、声景观营建与规划等 4 方面展开。本书结合文献、案例及笔者对声景的体会,从水景观、植物景观之声景营造两大角度出发,以其栖息地建设、空间营造及人的环境心理感受等方面探讨城市中自然之声的设计途径,旨在以声音作为载体,展现人对自然的向往与体悟,为今后城市中更多的可听化自然景观设计提供参考。

5.2.1 水景与声景设计

5.2.1.1 水元素与声景设计

自然环境中的水景观形式多样,大海、清潭、溪涧、瀑布是自然界原生的水景环境,自成一套音阶体系。发挥水的流动性特点,设计师可利用不同的流速、水量、落差高度塑造各异的水景效果,借助构筑物小品及下垫面材料的不同属性,为声景营造提供多种模式。利用水元素进行声景营造时,设计师应考虑为不同功能的空间搭配契合于自身场所气质的水景装置。

1. 低分贝水声营造休憩氛围

设计师可忽略水的强烈动势,以营造静谧幽深的空间氛围为目的模拟自然界的水景形态,还原生态的水环境。轻盈又温和的声信号传达出舒适的体验感受,此类声景设计旨在为个体提供轻松愉悦的休憩氛围。第十五届加拿大国际花园节获奖作品——ROTUNDA 圆盘水盆装置小品(图 5-1)将由黑色构件装配而成的水盆置于极自然的环境中,天然的落叶、杂石、鸟粪及风力作用于水潭时发出的声音被装置放大,整个设计与周围环境契合统一。

2. 高分贝水声塑造中心景观

城市公共区域的水景设计以掩盖环境噪声为目的,制造由水流落差形成的喷泉或瀑布，以高分贝水声隔绝噪声，成为城市吸引力较强的中心景观。水景设计需结合场域功能、区位、公共化程度形成不同影响力的景下效果，防止其对居民的正常生活产生干扰。

哈普林设计的西雅图高速公路花园用园林景观解决了城市中的高速公路带来的问题，利用停车场屋顶和闲置空地，结合场地高差有 30 m 的现状，创造跨越公路的绿地花园（图 5-2）。巨大的混凝土构筑物结合竖向变化勾勒出山水峡谷的磅礴气势，水在各层级间跌落倾泻，激扬的水声吸引人们融入自然环境（图 5-3）。水石碰撞出的乐章和迸溅的水花隔绝了外部嘈杂的声污染，成为减弱交通噪声对城市气氛破坏的极佳案例。

英国钢都谢菲尔德市火车站前广场通过大型不锈钢墙板隔离噪声，以水幕、水潭、小瀑布、水喷泉等多种水装置塑造与车站广场嘈杂氛围截然不同的微妙环境（图 5-4）。流畅的水幕曲线将广场空间巧妙分隔，引导行人体验多样的水音阶，缓解人们旅途的疲惫和无聊之感。

图 5-1 ROTUNDA 圆盘水景装置

（http://www.zoscape.com/data/attachment/forum/201505/09/141922c474zr4ueu4e3z3z.jpg）

图 5-2　西雅图高速公路花园俯瞰

（http://www.jiudi.net/upLoad/news/month_1402/201402201031293898.jpg）

图 5-3　西雅图高速公路花园混凝土构筑物及层级水瀑

（http://s3.sinaimg.cn/middle/673c8b9egbe8e918b8d22&690）

图 5-4 英国钢都谢菲尔德市火车站前广场

(http://s15.sinaimg.cn/middle/acd11c94gc713cce6ce1e&690)

5.2.1.2 水声景营造与空间体验

设计师极力捕捉丰富的声景素材旨在提升个体接收声信号的满意度,城市居民在微缩山水的景观空间中尝试获取大自然般的震慑心魄的声景体验。设计师可通过设计细腻的声景体验模式,借助声音自身高低强弱的变化,调动听者对大自然的期待和共鸣。上海辰山植物园矿坑花园中特定空间水景的设计形成了极佳的声景观体验效果。

矿坑花园原属人工采矿遗迹。早在 20 世纪 50 年代初至 80 年代中期,辰山南坡被用作开采建筑石材的场地并形成东西两大矿坑。2011 年,采矿场地经综合治理改造后建成坑花园,相关部门通过对原有深潭、坑体、地坪及山崖的改造,将其建设成为特色修复式花园。花园空间序列组织有序,设计者通过考量各区域的支配性声音,强化了声景的空间体验(图 5-5)。

图 5-5 矿坑花园全景(赵琳瑄摄)

声音的无边界状态同样可塑造场所领域感。设计师可利用音调、音色、强弱变化等听觉特性挖掘声景的空间性，通过把控中心声景和路径方向的整体节奏，调动人们心理及生理的应激变化，促进人与周围环境的融合。矿坑花园的山体和台地使地势变化丰富，利用高差形成的声影区、动态水景的声掩饰及周围水杉林和草花植物引起的声衰减塑造出可令人思考沉思的安静空间。东侧山壁的山瀑声级最大，可定义为声系统中心，水从山顶一泻而下撞击岩石，强化中心点声景效果（图 5-6）。矿坑花园声景体验路径的设置顺序为钢筒—栈道—浮桥—山洞隧道—世外花园，由山瀑、水潭、山洞、水帘洞引发的泉水声、山瀑声、钢板声产生声景层次的变化（图 5-7）。

图 5-6　矿坑花园水瀑为声景中心（赵琳瑄摄）

图 5-7 矿坑花园游线声景层次递进(赵琳瑄摄)

5.2.2 植物景观与声景设计

古人语“蝉噪林愈静，鸟鸣山更幽”。自然界的虫鸣鸟语与清风竹响就同树木花草一样，具有同风景一样的存在意义。林间偶闻鸟啼，雨落树冠作响，人们被天然的声景素材所吸引。植栽元素及其生境下的自然声环境塑造是从植物本身及动植物栖息地建设下的生物多样性维护等角度出发，探讨植物景观与声景设计的多种营造手法。

5.2.2.1 植物与声景设计

植物固有的自然属性使得其与各种自然之相的互动均可以营造出不同的声景。树木吸引鸟类与昆虫栖息，微风拂其叶片，因植物叶片大小质地不同产生不同的音阶。“邀风引雨”“集鸟纳蝉”是中国传统园林植物声景营造方式的形象体现，结合中国古典园林特有的意境美，营造出特别的植物声景美。现代城市绿地植物是很好的降噪绿色屏障，可营造隔离交通噪声的相对宁静的环境，同时以绿地为载体的风声、鸟鸣声的加入(特定环境中可用绿地中隐藏的电子音响设备播放相应声音)，更能改善环境声景，使游客充分感受自然之美。

设计者应从环境心理层面提高绿地品质，利用丰富的景观视觉美降低居民对噪声的关注，提高绿地使用者的综合环境感受。绿地的生态质量同声音的强弱、类型及人们的喜好有直接关系，有目的的规划设计可以提高城市绿地的生态品质，为人们提供安静、接近自然的场所(Irvine, et al. 2009)。声景结合园林植物丰富的种类、色彩、树形、层次构建的视觉景观，让城市居民可以更好地体验绿地的自然特性。

5.2.2.2　栖息地营造与声景营造

为营造更舒适的自然声环境，场地设计须尽力吸引虫类、鱼类、鸟类等动物停留栖息。飞鸟在果树及林木中筑巢取食，竹蛉、石蛉藏身于灌丛和树叶里，斗蟋躲在石礁内声声作响，秋蝉攀在树梢鸣叫，鱼蛙潜游于水湾内嬉戏。探索鸣禽、鸣虫不同的生境需求，为其提供多样且充足的生存条件和繁衍场地，是为城市声景增添生命力的重要措施。设计者尽力维护生物栖息地，便是在保全城市中的自然之声。绿地结构的异质性和微栖息空间不均匀分布的特点可以满足不同种类动物的停留需求，生境—生态位原理是优化动物栖息地的重要理论依据。

设计者应结合地形、地貌营造丰富的生境，满足不同生物生态位需求。每一个生物种类都有特定的生态因子和空间需求，设计者应挖掘场地环境特点，营造异质性生境，进一步通过群落复层设计增加空间生态位，为更多的鸟类和鸣虫提供适宜生存的空间，保障声景的多样化。我国台湾关渡自然公园是台北最大的湿地保护区，是候鸟的重要栖息地。公园结合自然地貌，形成了丰富的生境类型，展示了丰富的动植物种类。其可供游人进入的主要设施区包括自然中心、赏鸟小屋、步道、亲蟹观察区、埤塘生态区、海岸林区、北部低海拔林区及水质改善教学区等。公园将关渡附近从海岸河口到低海拔山区的生态环境以缩影的方式呈现，细致的微栖息空间设计为丰富的物种创造了生存条件，图 5-8 为埤塘生态区，其还原了现今快速消失的静态水，营造了从湿生到水生的丰富生境，形成了飞蜓蛙鸣戏翠池的丰富景象。

图 5-8　台湾关渡自然公园埤塘生态区（张秦英摄）

腐木是昆虫的重要栖息地，在绿地的角落放置一堆树木枝干便是一种有效的生境设计方式。英国尼曼斯花园（Nymans Garden）十分重视原生生境营造，在园中角落放置的一堆腐木成为各种昆虫的栖息地（图5-9），并设立标牌告知游人："我们设立木段，为甲壳虫、真菌、爬虫、蝾螈营造家园，它们会在此栖息和取食，移动或者在木头上跳跃会伤害生活在此的昆虫，请尊重它们的生境。"在该花园中，也可以看到原地放置的枯树。苔藓及草本植物在枯树上及附近繁衍，形成一个自然演替的开端，在不远处新种植的小树展示了人工干扰的群落演替进程（图5-10），稳定的群落结构和自然进化为多样物种的生存提供了保障。

图5-9　英国尼曼斯花园腐木生境营造（张秦英摄）

图5-10　英国尼曼斯花园枯树于原地保存（张秦英摄）

有关城市居民对环境噪声群体性反应的研究表明噪声污染排在水污染、大气污染之后，成为影响居民生活质量的重要因素，调查对象对所处声环境均持否定态度，特别是对工作和公共场所的声环境现状提出质疑。同时对声音元素的量化研究表明，鸟鸣声、流水声是与自然最和谐、最使人愉悦的声景要素。由此可见，塑造生态健康的城市声景环境是极具现实意义的景观措施。

声音作为自然界重要的元素之一，是展现自然元素的重要载体，美妙的自然之声是人们享受荒野乐趣的无形向导。声音的特质导致它容易被掩盖忽视，许多人已然忘记关心自己周边存在的美好声音。本书将听者—声音—环境声景观三要素的综合考虑作为自然之声景观设计的核心，声景营造与水景、植物景观结合，可以创造出趣味生动的声音类型；多样性的生境营造和保护可以为更多物种提供栖息地，收获自然生物之声；细致巧妙的空间环境设计，能使听者更好地感受天籁之声，获得身心愉悦的体验；通过探寻自然之声的社会价值和营造手法，还原古人对山水最初的情感依托，因此倡导居民走到户外收获滋养身心的听觉体验，这些对挽救城市空洞杂乱的声现状具有重要意义。

声景观的营造效果受到环境声音类型、人的活动状态、景观环境特征等多方面的综合影响，精心的自然声景需要体验者放慢脚步细细地体会。然而城市紧张而快速的节奏、公园绿地等景点密集的人群会大大影响游人对自然声景的欣赏和感悟。所以把声音作为景观设计元素，就要求设计师改变当下景观设计以视觉为主导的思维模式，把声景观从设计后评价推进到设计前引入，结合场地的整体特征，将声景的设计融入整体的景观规划中。

城市居民是声景的体验者，同时也是声景重要的营造者。城市声景观需要每一位居民的参与和保护，加大对声景观的宣传，提高人们对声音的认知和重视，亦是实现将自然声景引入城市的重要途径。

参考文献

[1] IRVINE K, DEVINE-WRIGHT P, PAYNE S, et al. Green space, soundscape and urban sustainability: an interdisciplinary, empirical study [J]. Local Environment,2009,14(2):155-172.

[2] 巴成宝. 北京部分园林植物减噪及其影响因子研究 [D]. 北京：北京林业大学,2013.

[3] 陈秀中.《梅品》——南宋梅文化的一朵奇葩 [J]. 北京林业大学学报,1995(S1):12-15.

[4] 郭敏. 江南园林声景主观评价及设计策略 [D]. 杭州: 浙江大学,2014.
[5] 刘佳妮. 园林植物降噪功能研究 [D]. 杭州: 浙江大学,2007.
[6] 罗海霞, 丁建生. 复合式绿化林带在港区边界噪声防治中的应用 [J]. 交通环保,2003,24(4):46–47.
[7] 吕文博. 中国古典园林植物景观的意境空间初探 [D]. 北京: 北京林业大学,2007.
[8] 马蕙, 籍仙蓉, 矢野隆. 城市居民对环境噪声群体性反应的研究 [J]. 声学学报(中文版),2008,33(3):275–282.
[9] 孟瑾. 城市公园植物景观设计 [D]. 北京: 北京林业大学,2006.
[10] 孙春红. 城市公园声景的评价与设计 [D]. 重庆: 西南大学,2008.
[11] 王美仙, 陈悦. 北京植物园梅园的植物景观设计研究 [C]// 中国风景园林学会. 中国风景园林学会 2013 年会论文集(下册). 北京:中国建筑工业出版社,2013.
[12] 王世仁. 王世仁建筑历史理论文集 [M]. 北京: 中国建筑工业出版社,2001.
[13] 王爽. 梅花园林应用调查分析及北方专类园应用实践 [D]. 北京: 北京林业大学,2014.
[14] 郭敏. 江南园林声景主观评价及设计策略 [D]. 杭州: 浙江大学,2014.
[15] 王月圆. 桂花在景观营造中的应用研究 [D]. 杭州: 浙江大学,2015.
[16] 吴硕贤. 园林声景略论 [J]. 中国园林,2015,31(5):38–39.
[17] 徐明. 论植物主题造景及在江南地区园林中的应用研究 [D]. 南京:南京农业大学,2005.
[18] 杨俊. “山水有清音”——论江南古典私家园林植物配置的声景营造 [J]. 艺术与设计(理论),2013(3):87–89.
[19] 袁晓梅. 中国传统园林植物造景的声音美意匠 [J]. 中国园林,2015,31(5):58–63.
[20] 袁晓梅. 中国古典园林声景思想的形成及演进 [J]. 中国园林,2009,25(7):32–38.

后　记

我从大学阶段开始学植物、研究植物，到后来进行教学、实践，10年的学习，15年的工作，我对于园林植物的认知逐渐深入。农林类院校本、硕、博士的学习形成了我植物分类、种质资源研究的知识体系。我硕士阶段进行优质植物资源的组织培养研究，博士时师从陈俊愉先生从事梅花的抗寒品种选择与向北推进研究。工作之初，我在天津大学农业与生物工程学院园艺园林系以园林植物的种质资源创新研究为主，进行了耐盐植物资源调查、紫薇多倍体诱导等工作。作为专业技术人员，我参与了天津大学牛顿苹果树的引种、嫁接培育工作，作为园艺植物遗传育种研究组成员，我也参与了部分甜瓜的育种研究。2011年，天津大学农业与生物工程学院调整，我进入了建筑学院风景园林系，在以规划设计为导向的影响下，逐步调整研究方向，开始以植物景观规划设计为目标的应用基础类研究。虽然我面对的研究对象没有变化，但是由于研究视角的调整，对应的研究方案、研究方法都要有很大的变化。撰写本书的初衷是通过梳理已有的研究思路和成果，尽自己理解，展示园林植物的多视角研究。本书的主要内容是我本人及所指导的研究生的部分科研成果。在图书编写过程中，我更多地站在园林植物景观应用的角度，审视并梳理自己近20年对园林植物的研究和理解。对研究工作进行梳理，也是为了更好地明确方向。

张秦英

2019年10月